U0238664

"十四五"国家重点出版物出版规划项目

生态环境损害鉴定评估系列丛书　　总主编　高振会

振动、噪声与辐射环境损害鉴定评估

主　编　宋清华

副主编　孙玲玲　杜宜聪

主　审　刘战强

山东大学出版社

SHANDONG UNIVERSITY PRESS

·济南·

内容简介

本书是作者在多年教学实践的基础上编写而成的,内容力求简明、准确、实用,对早期发现和预防振动、噪声与辐射环境污染,保护环境和敏感人群具有重要意义。

本书系统地介绍了振动、噪声与辐射环境损害鉴定评估相关知识,共分为7章,内容包括振动、噪声与辐射的基本概念及它们对环境和人体健康的危害,振动、噪声与辐射的基本理论以及振动、噪声与辐射的测量与评价等。

本书可供生态环境损害科研院所研究人员参考使用,也可作为高等院校环境类相关专业本科生、研究生教材,还可作为生态环境损害司法鉴定人员资格考试培训教材。

图书在版编目(CIP)数据

振动、噪声与辐射环境损害鉴定评估/宋清华主编
.—济南:山东大学出版社,2024.10
(生态环境损害鉴定评估系列丛书 / 高振会总主编)
ISBN 978-7-5607-7750-4

Ⅰ.①振… Ⅱ.①宋… Ⅲ.①环境污染-危害性-评估-教材 Ⅳ.①X503

中国国家版本馆 CIP 数据核字(2023)第 002157 号

责任编辑 祝清亮
封面设计 王秋忆

振动、噪声与辐射环境损害鉴定评估
ZHENDONG,ZAOSHENG YU FUSHE HUANJING SUNHAI JIANDING PINGGU

出版发行	山东大学出版社	
社　　址	山东省济南市山大南路 20 号	
邮政编码	250100	
发行热线	(0531)88363008	
经　　销	新华书店	
印　　刷	济南乾丰云印刷科技有限公司	
规　　格	787 毫米×1092 毫米　1/16	
	11 印张　165 千字	
版　　次	2024 年 10 月第 1 版	
印　　次	2024 年 10 月第 1 次印刷	
定　　价	38.00 元	

生态环境损害鉴定评估系列丛书
编委会

总　序

　　生态环境损害责任追究和赔偿制度是生态文明制度体系的重要组成部分,有关部门正在逐步建立和完善包括生态环境损害调查、鉴定评估、修复方案编制、修复效果评估等内容的生态环境损害鉴定评估政策体系、技术体系和标准体系。目前,国家已经出台了关于生态环境损害司法鉴定机构和司法鉴定人员的管理制度,颁布了一系列生态环境损害鉴定评估技术指南,为生态环境损害追责和赔偿制度的实施提供了快速定性和精准定量的技术指导,这也有利于促进我国生态环境损害司法鉴定评估工作的快速和高质量发展。

　　生态环境损害涉及污染环境、破坏生态造成大气、地表水、地下水、土壤、森林、海洋等环境要素和植物、动物、微生物等生物要素的不利改变,以及上述要素构成的生态系统功能退化。因此,生态环境损害司法鉴定评估涉及的知识结构和技术体系异常复杂,包括分析化学、地球化学、生物学、生态学、大气科学、环境毒理学、水文地质学、法律法规、健康风险以及社会经济等,呈现出典型的多学科交叉、融合特征。然而,我国生态环境司法鉴定评估体系建设总体处于起步阶段,在学科建设、知识体系构建、技术方法开发等方面尚不完善,人才队伍、研究条件相对薄弱,需要从基础理论研究、鉴定评估技术研发、高水平人才培养等方面持续发力,以满足生态环境损害司法鉴定科学、公正、高效的需求。

　　为适应国家生态环境损害司法鉴定评估工作对专业技术人员数量和质量

的迫切需求,司法部生态环境损害司法鉴定理论研究与实践基地、山东大学生态环境损害鉴定研究院、中国环境科学学会环境损害鉴定评估专业委员会组织编写了生态环境损害鉴定评估系列丛书。本丛书共十二册,涵盖了污染物性质鉴定、地表水与沉积物环境损害鉴定、空气污染环境损害鉴定、土壤与地下水环境损害鉴定、海洋环境损害鉴定、生态系统环境损害鉴定、其他环境损害鉴定及相关法律法规等,内容丰富,知识系统全面,理论与实践相结合,可供环境法医学、环境科学与工程、生态学、法学等相关专业研究人员及学生使用,也可作为环境损害司法鉴定人、环境损害司法鉴定管理者、环境资源政府主管部门相关人员、公检法工作人员、律师、保险从业人员等人员继续教育的培训教材。

鉴于编者水平有限,书中难免有不当之处,敬请批评指正。

2023 年 12 月

前　言

目前,振动、噪声与辐射已成为主要的环境污染源。它们不仅影响人们正常的工作、学习和休息,而且还危害人们的身体健康。广大科技工作者通过长期不懈的努力,在振动、噪声与辐射控制研究和工程实践中,取得了令人瞩目的成绩,不仅使振动、噪声与辐射污染得到有效的控制,同时也推动了工业的发展和产品的进步。

本书系统地介绍了振动、噪声与辐射的基础理论知识,包括相关术语概念、产生机理、特性等,对读者深入理解振动、噪声与辐射具有重要作用。另外,本书还详细介绍了振动、噪声与辐射的测量原理、测量仪器和测量方法,整理了振动、噪声与辐射的现行国家标准,对早期发现和预防环境污染、保护环境和敏感人群具有重要价值。

全书共分为7章。第1章介绍了振动、噪声与辐射的概念,以及它们对环境及人体健康的危害;第2章介绍了振动的基本理论,包括振动频率、振动周期、阻尼、自由度等概念,揭示了单自由度系统、多自由度系统、连续系统振动的振动特性,推导了单自由度系统、多自由度系统、连续系统振动的振动响应方程并进行求解;第3章介绍了噪声的基础理论知识,包括声音的产生与传播途径、噪声的客观与主观度量方法、噪声的传播特性等;第4章介绍了辐射的基础理论知识,包括辐射的基本概念与基本定理、辐射量与光度量的测量理论,如光的波粒二象性、基尔霍夫定律、普朗克辐射定律、维恩位移定律、最大辐射定律等;第5章介绍了振动的测量与评价方法,包括振动测量仪器的选择、振动信号的分析与处理、振动的测量方法、振动的评价标准等;第6章介绍了噪声测量仪器的选择、噪声的测量方法与评价标准;第7章介绍了光辐射的测量原理、测量仪器的选择、测量方法等。

本书得到了山东大学生态环境损害鉴定研究院和山东大学出版社的工作人员的支持和帮助,在此向他们表示诚挚的谢意!

由于振动、噪声及辐射的测量技术发展迅速,难免会有一些新的测量原理、测量设备和测量方法未被纳入本书之中,并且由于作者水平有限,书中错误之处在所难免,真诚欢迎广大读者批评指正,提出宝贵意见。

作 者

2023 年 11 月

目　录

第1章 振动、噪声与辐射概述

1.1 振 动

大多数的人类活动都与振动密切相关。例如,我们能够听到声音与耳膜的振动有关,我们能够看到事物与光子的振动有关,我们能够活动肢体与腿部和手部肌肉的(周期性)振动有关。

环境中的振动可分为由人为机械运动引起的振动和由自然现象引起的振动两类。第一类振动是指人们在生产、生活中需使用的机械设备,在运行过程中所引起的环境振动。根据其振动特点,大致可将振源归纳为三种,即稳态性振源、瞬态性振源和随机性振源。不同振源引起的环境振动各不相同。第二类振动是指由自然现象(如地震、飓风、海浪、地脉动等)引起的振动。

环境中的振动时刻影响着人类的健康和生活,其与空气污染一样,已成为一种环境污染。

(1)振动对人体健康的影响。铁路振动、公路振动、地铁振动、工业振动均会对人们的正常生活和休息产生不利的影响。医学上把由振动造成的疾病统称为"振动病"。当人体器官受到大振幅振动时,神经系统、心血管系统、肌肉和关节系统都会受到损害而使新陈代谢发生变异,使人产生头晕目眩、反应迟钝、疲劳虚弱、机体失调等症状,如"白手指"。

（2）振动对自然环境的影响。振动也会影响自然环境,如在美国曾出现的高速公路两旁的一些树木突然枯死的现象,科学家研究证实,除了空气污染因素外,还因为公路上无数汽车对地面造成的频繁振动,破坏了树木根系与土壤的结合,从而导致树木的死亡。振动已经成为不容忽视的环境公害之一。

（3）振动对建筑物的影响。机械、爆破、建筑施工和过往交通车辆等往往会引起结构物的振动,这些振动通过周围地层（地下或地面）向外传播,进一步诱发附近地下结构以及邻近建筑物（包括室内家具等）的二次振动和噪声。如果建筑物的振动超过了它所容许的振动阈值,通常会引起结构物开裂、脱落甚至会造成毁坏,如墙壁裂缝、涂料脱落、门窗玻璃振裂等。尤其是爆破等强烈的振动,甚至会造成结构梁柱接头之间开裂,从而导致建筑物抗震强度降低。

1.2　噪　声

随着现代工业和交通运输业的发展,部分机电设备在工作时产生的噪声严重影响了人们的工作和生活环境,成为危害人们健康和污染环境的公害之一。如何测量和控制噪声已成为保护环境、维护人们健康的一个重要研究课题。

一切不需要的、使人烦恼的声音,都可以称为噪声。噪声由各种不同频率和强度的声音组合而成。噪声一般有稳态噪声和非稳态（或脉冲）噪声之分。长时间内声级涨落较小的噪声称为稳态噪声,如长时间运转的机械、电机发出的声音;而频谱和强度随时变化的噪声称为瞬态噪声,例如爆炸声、敲击声等。噪声对人们的影响程度大小不仅与噪声强度有关,还与噪声的频谱特性有关。

噪声的危害是多方面的,它不仅会使人们的听力衰退,引起多种疾病,还会影响人们正常的工作和生活,降低工作效率。特别强烈的噪声还会损坏建筑物,影响仪器设备的正常运行。

(1)噪声对听觉器官的损害。当人们进入较强烈的噪声环境时,会觉得刺耳、难受,一段时间后会产生耳鸣现象,听力也会有所下降,产生"听觉疲劳"。如果长期处在强烈的噪声环境中,听觉疲劳难以消除,而且日趋严重,就会形成噪声性耳聋。通常,长期在 90 dB 以上噪声环境中工作,就可能引发噪声性耳聋。还有一种爆震性耳聋,即当人耳突然受到 140~150 dB 的极强噪声作用时造成的耳急性外伤。

(2)噪声会引起多种疾病。噪声作用于人的中枢神经系统时,会使人大脑皮层的兴奋与抑制平衡失调,导致条件反射异常,使脑血管受到损害。持久的较强噪声作用则会影响自主神经系统,使人出现头痛、头晕、失眠和全身疲乏无力等多种病态。在噪声对心血管系统影响的研究中发现,噪声可以使人心跳加速、心律失常、血压升高等。

(3)噪声对正常生活的影响。有实验表明,在 40~45 dB 的噪声刺激下,人睡眠时的脑电波就会出现觉醒反应,这说明 40 dB 的噪声就开始对正常睡眠有影响。对于神经衰弱者,则更低的声级就会产生干扰。一般街道上的噪声有 70~90 dB,工厂附近的噪声也较高,这些噪声不仅会影响人们的休息,而且还会干扰人们互相交谈、收听广播、电话通信、听课和开会等。

(4)噪声降低劳动生产率。在嘈杂的环境中,人们心情烦躁,工作容易产生疲劳,反应也变得迟钝。噪声对于从事精密加工或脑力劳动的人影响更为明显。经调查发现,随着噪声强度的增加,有些工作的差错率有上升的趋势。此外,由于心理作用,噪声分散了人们的注意力,还容易引起工伤事故。

(5)噪声对建筑物、设备的影响。强烈的噪声对建筑物有破坏作用,例如喷气式飞机飞行时强烈的"轰鸣声"会造成建筑物的破坏。工厂中的机器与城市中的施工机械产生的噪声,也会对附近的建筑物产生影响。另外,极强的噪声会造成灵敏的自控、遥控设备失灵。

1.3 辐 射

阳光、空气和水是生命存在的三个必要条件。人类和一切生物都生活在光的世界里，没有光，生命活动就会终止。自然界的生命发展过程与光是密切相关的，德国诗人歌德曾经说过，眼睛的存在应当归功于光。① 人类在利用自然光源和发明人造光源的实践中，无时无刻不在进行着光度的相对比较。

光污染即过量的光辐射对人类生活和生产环境造成不良影响的现象，包括可见光、红外线和紫外线造成的污染。广义的光污染包括一些可能对人的视觉环境和身体健康产生不良影响的事物，例如，生活中常见的书本纸张、墙面涂料的反光甚至是路边彩色广告的"光芒"。

可见光是指波长为 390～760 nm 的电磁波，也就是常说的七色光组合，是自然光的主要组成部分。但是，当人长期生活在光的亮度过高或者过低、对比度过强或者过弱的环境中时，就会引发视觉疲劳，影响身心健康，从而导致工作效率降低。可见光中的激光由于具有高亮度和高强度，能量集中，会对眼睛造成巨大的伤害，严重时会破坏机体组织和神经系统。所以在应用激光的过程中，要特别注意避免激光污染。杂散光也是光污染中的一部分，它主要来自建筑的玻璃幕墙和光面的建筑装饰（高级光面瓷砖、光面涂料）。这些物质的反射系数较高（一般为 60%～90%），比一般较暗建筑表面和粗糙表面的建筑反射系数大 10 倍，当阳光照射在上面时，很大一部分就会反射出去，对人眼产生刺激。另一部分杂散光污染来源于夜间照明的灯光通过直射或者反射进入住户内。当汽车夜间行驶使用车头灯或使用不合理的照明时，就会产生眩光污染，它可以使人眼受到损伤，甚至失明。

红外线是指波长为 760～10^6 nm 的电磁波。自然界中红外线的主要来源

---

① 参见孙鑫.有趣的眼睛[M].乌鲁木齐:新疆人民出版社,1979.

是太阳,人工的红外线来源是加热金属、熔融玻璃、红外激光器等。物体的温度越高,其辐射波长越短,发射的热量就越高。红外线在军事、科研、工业等方面的广泛应用,也产生了红外线污染。红外线可通过高温灼伤人的皮肤,红外线波长为 $750 \sim 1\,300$ nm 时主要损伤眼底视网膜,超过 $1\,900$ nm 时就会灼伤角膜。近红外辐射能量在眼睛晶状体内被大量吸收,随着波长的增加,角膜和房水基本上吸收全部入射的红外辐射,这些吸收的能量可传导到眼睛内部,从而使晶状体本身的温度升高,角膜的温度也升高。而晶状体的细胞更新速度非常慢,一天内照射受到的损伤,可能在几年后也难以恢复。

紫外线是指波长为 $10 \sim 390$ nm 的电磁波。自然界中的紫外线来自太阳辐射,不同波长的紫外线可被空气、水或生物分子吸收。而人工紫外线主要由电弧和气体放电所产生。当波长为 $220 \sim 320$ nm 时,紫外线对人体有损伤作用,有害效应可分为急性效应和慢性效应两种,主要影响部位是眼睛和皮肤。紫外辐射对眼睛的急性效应(如光致结膜炎的发生)会引起眼睛不舒适,但通常可恢复,配戴适当的眼镜就可预防。紫外辐射对皮肤的急性效应可引起水疱和皮肤表面的损伤,继发感染和全身效应,类似一度或者二度烧伤。对眼睛的慢性效应可导致结膜鳞状细胞癌及白内障的发生。紫外辐射引起的慢性皮肤病变也可能产生恶性皮肤肿瘤。紫外线的另一类污染是通过间接作用危害人类:当紫外线作用于大气污染物 HCl 和 NO_x 等时,就会促进化学反应产生光化学烟雾。

第 2 章　振动基础理论

2.1　振动概述

2.1.1　振动

任何在一段时间内重复发生的运动都可以称为振动。所有振动现象都涉及势能与动能的相互转化,因此,所有振动系统都包含储存势能的部件和储存动能的部件。储存势能的部件称为弹簧或弹性元件(用 k 表示),储存动能的部件称为质量块或惯性元件(用 m 表示)。在每个运动周期中,弹性元件储存势能并将势能转化为动能传递给惯性元件,惯性元件储存动能并将动能转化为势能传递给弹性元件。

振动的运动过程可以用质量块在光滑面上的运动,即弹簧-质量系统的振荡运动来表示,如图 2-1 所示。质量块 m 与线性弹簧 k 连接,并且假设 m 在位置 1 的时候处于平衡状态或自由状态。给质量块一个初始位移,使其到达位置 2 并自由释放。质量块的运动过程可以分为以下五个阶段:

(1)在位置 2 处,弹簧处于最大拉伸状态,因此弹簧的势能达到最大,而质量块的动能为零。由于在位置 2 处,弹簧具有回到未拉伸状态的趋势,因此会有一个使质量块向左移动的力。

（2）随着质量块从位置 2 运动到位置 1，质量块的速度将逐渐增大。在位置 1 处，由于弹簧的变形为零，因此弹簧的势能为零。此时，弹簧的势能全部转化为了质量块的动能，因此质量块的动能达到最大。

（3）在位置 1 处，由于质量块速度达到最大，质量块将继续向左运动，但同时会受到由于弹簧压缩而产生的阻力。当质量块从位置 1 向左运动时，它的速度将逐渐减小，直到在位置 3 处达到零。

（4）在位置 3 处，质量块的速度和动能为零，而弹簧的势能达到最大。同样，由于弹簧具有回到未压缩状态的趋势，系统存在一个使质量块从位置 3 向右运动的力，随着质量块从位置 3 移动到位置 1，质量块的速度将逐渐增大。

（5）在位置 1 处，弹簧的所有势能转化为质量块的动能，因此质量块的速度达到最大。随着质量块继续向右运动，弹簧的阻力逐渐增大，在位置 2 处，质量块的速度降为零。这就完成了质量块运动的一个循环，这个循环过程将不断重复。因此，质量块会出现振荡运动。

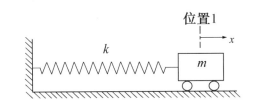

（a）系统处于平衡状态（弹簧处于无变形状态）

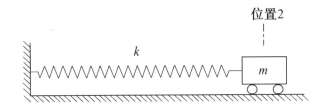

（b）系统处于最右端位置（弹簧处于最大拉伸状态）

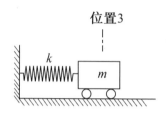

（c）系统处于最左端位置（弹簧处于最大压缩状态）

图 2-1 弹簧-质量系统的振动运动

常见的振动类型如图 2-2 所示，其中图 2-2(a)所示的运动称为简谐振动，位移 $x(t)$ 随时间 t 变化的表达式可以写为

$$x(t) = A\cos \omega t \tag{2-1}$$

式中，位移的最大值 A 为振幅（m）；t 为时间（s）；ω 为角频率（rad/s）。角频率 ω 与振动周期 T 的关系可以表示为

$$T = \frac{2\pi}{\omega} \tag{2-2}$$

图 2-2(b)所示的运动称为周期振动，图 2-2(c)所示的运动称为非周期振动，图 2-2(d)所示的运动称为随机振动。

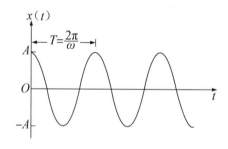

（a）简谐振动

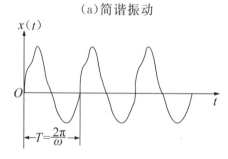

（b）周期振动

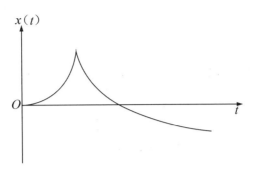

（c）非周期振动

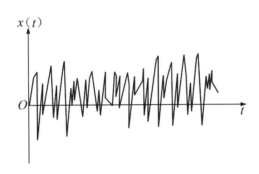

（d）随机振动

图 2-2　常见的振动类型

2.1.2　自由度

在任何时刻完全确定系统所有部件位置所需的最小独立坐标数称为系统的自由度。

如果任一瞬时振动系统在空间的几何位置可以由一个独立坐标来确定，则此系统就称为单自由度系统。图 2-3 所示的系统都表示单自由度系统。图 2-3(a)所示的弹簧-质量系统，可以用直线坐标 x 来描述。图 2-3(b)所示的单摆系统，可以用角坐标 θ 来描述，也可以用笛卡尔坐标 x 和 y 来描述。如果用坐标 x 和 y 来描述单摆运动，则这些坐标不是独立的，它们必须通过约束方程 $x^2 + y^2 = l^2$ 相互联系，其中 l 是单摆的固定长度。图 2-3(c)所示的扭转系统，可以用角坐标 θ 来描述其运动。

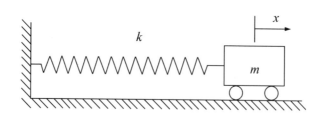

（a）弹簧-质量系统

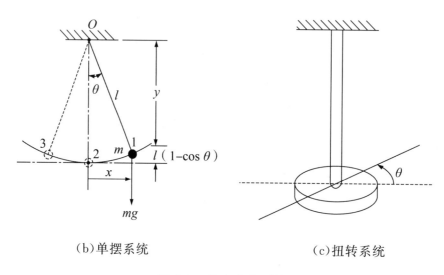

（b）单摆系统　　　　　　　　　　（c）扭转系统

图 2-3　单自由度系统

如果任一瞬时振动系统在空间的几何位置可以由两个独立坐标来确定，则称此系统为两自由度系统。图 2-4 所示的系统均为两自由度系统。图 2-4(a)所示的双弹簧-质量系统可以通过两个直线坐标 x_1 和 x_2 来描述其运动；图 2-4(b)所示的梁转子系统可以通过角坐标 θ_1 和 θ_2 确定其运动；图 2-4(c)所示的滑块运动系统可以通过坐标 X 和 θ 来表示，也可以通过坐标 x,y 和 X 来表示，但是 x 和 y 需要满足约束条件 $x^2+y^2=l^2$。

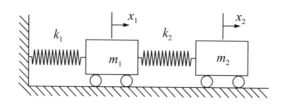

（a）双弹簧-质量系统

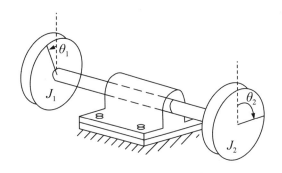

（b）梁转子系统

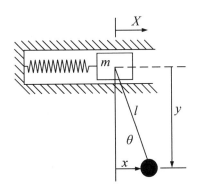

（c）滑块运动系统

图 2-4　两自由度系统

图 2-5 所示的系统均为三自由度系统。对于图 2-5（a）和图 2-5（b）所示的系统，分别引入坐标 $x_i(i=1,2,3)$ 和 $\theta_i(i=1,2,3)$ 来描述其运动；对于图 2-5（c）所示的系统，可以使用坐标 $\theta_i(i=1,2,3)$ 来确定质量 $m_i(i=1,2,3)$ 的位置，也可以使用坐标 x_i 和 $y_i(i=1,2,3)$ 来确定质量 $m_i(i=1,2,3)$ 的位置，但是坐标 x_i 和 y_i 必须满足约束条件 $x_i^2+y_i^2=l_i^2(i=1,2,3)$。

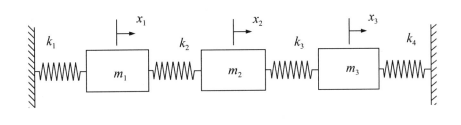

（a）

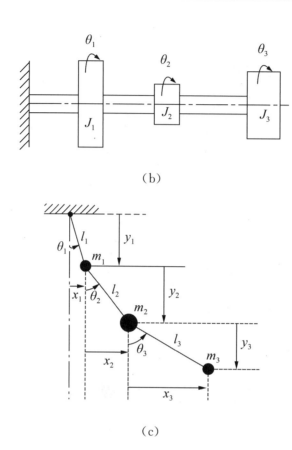

（c）

图 2-5　三自由度系统

2.1.3　振动的分类

振动有多种分类方式，以下是一些常见的分类方式。

2.1.3.1　自由振动和强迫振动

如果一个系统的振动是由初始扰动引起的，振动后没有受到其他外力的作用，我们称该系统的振动为自由振动。单摆的摆动是自由振动的一个例子。一个系统在外力（通常是一种重复的力）的作用下产生的振动称为强迫振动。柴油机等机器产生的振动就是强迫振动的一个例子。如果外力的频率与系统的固有频率一致，就会发生共振现象，系统会经历危险的大振荡。

如建筑物、桥梁、涡轮机和飞机机翼等结构的失效就与共振的发生有关。

2.1.3.2　无阻尼振动和阻尼振动

如果一个系统的能量在振动过程中没有因为摩擦或其他阻力造成损失或耗散，则这种振动称为无阻尼振动；否则，这种振动称为阻尼振动。在许多物理系统中，阻尼的量非常小，以至于在大多数工程中可以将其忽略。但是，在分析近共振振动系统时，考虑阻尼的作用则变得非常重要。

2.1.3.3　线性振动和非线性振动

如果一个振动系统的所有基本部件（即弹簧、质量块和阻尼器）都是线性的，则产生的振动称为线性振动。如果任何一个基本部件是非线性的，则产生的振动称为非线性振动。控制线性振动和非线性振动的运动方程分别是线性微分方程和非线性微分方程。如果振动是线性的，那么叠加原理是成立的；否则，叠加原理是不成立的。由于所有的振动系统都倾向于随着振动振幅的增加而表现出非线性的特性，因此在处理实际振动系统时需要了解非线性振动的知识。

2.1.3.4　确定性振动和随机振动

如果作用在振动系统上的激励（力或运动）的值或大小在任何给定的时间内都是已知的，这种激励就称为确定性激励，由此产生的振动称为确定性振动。如果在某些情况下，激励是不确定的或随机的，在给定的时间内，激励的值是无法预测的，则产生的振动称为随机振动，它只能用统计量来描述。

2.2　单自由度系统振动

图 2-3 所示的系统为单自由度系统。振动系统的基本特征包括：（1）质量

为 m 的质量块,产生的惯性力为 $m\ddot{x}$;(2)刚度为 k 的弹簧,产生的阻力为 kx;(3)耗散能量的阻尼装置,如果将等效黏性阻尼系数表示为 c,则产生的阻尼力为 $c\dot{x}$。

2.2.1 单自由度系统的自由振动

当阻尼很小,对系统运动的影响很小时,可忽略阻尼,令 $c=0$。在没有阻尼的情况下,单自由度系统的运动方程可以表示为

$$m\ddot{x}+kx=f(t) \tag{2-3}$$

式中,$f(t)$ 是作用在质量上的力;x 是质量块的位移;$\ddot{x}$ 是质量块的加速度。在没有外力 $f(t)$ 的情况下,系统自由振动的控制方程可以表示为

$$m\ddot{x}+kx=0 \tag{2-4}$$

解方程可得

$$x(t)=x_0\cos\omega_n t+\frac{\dot{x}_0}{\omega_n}\sin\omega_n t \tag{2-5}$$

其中,ω_n 是系统的固有角频率,可以表示为

$$\omega_n=\sqrt{\frac{k}{m}} \tag{2-6}$$

当系统的初始位移 $x_0=x\big|_{t=0}$,初始速度 $\dot{x}_0=\dfrac{\mathrm{d}x}{\mathrm{d}t}\bigg|_{t=0}$ 时,方程(2-5)也可以表示为

$$x(t)=A\cos(\omega_n t-\varphi) \tag{2-7}$$

或

$$x(t)=A\sin(\omega_n t+\varphi_0) \tag{2-8}$$

其中,A 表示振幅,

$$A=\left[x_0^2+\left(\frac{\dot{x}_0}{\omega_n}\right)^2\right]^{\frac{1}{2}} \tag{2-9}$$

$$\varphi = \arctan \frac{\dot{x}_0}{x_0 \omega_n} \tag{2-10}$$

$$\varphi_0 = \arctan \frac{x_0 \omega_n}{\dot{x}_0} \tag{2-11}$$

方程(2-7)的函数图象即为系统自由振动响应的图象,如图 2-6 所示。

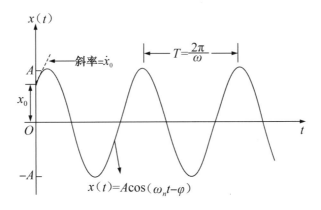

图 2-6　自由振动响应图

在有阻尼的情况下,单自由度系统的运动方程可以表示为

$$m\ddot{x} + c\dot{x} + kx = f(t) \tag{2-12}$$

等式两边同除以质量 m,则方程可以改写为

$$\ddot{x} + 2\zeta \omega_n \dot{x} + \omega_n^2 x = \frac{f(t)}{m} \tag{2-13}$$

其中,ζ 称为阻尼比,可以表示为

$$\zeta = \frac{c}{2m\omega_n} = \frac{c}{c_c} \tag{2-14}$$

这里,$c_c = 2m\omega_n$,称为临界阻尼常数。

如果阻尼比 ζ 的值分别小于 1、等于 1 和大于 1,则系统分别被视为欠阻尼、临界阻尼和过阻尼。

阻尼系统自由振动的控制方程为

$$\ddot{x} + 2\zeta \omega_n \dot{x} + \omega_n^2 x = 0 \tag{2-15}$$

系统在不同阻尼水平下的自由振动响应(即方程的解)可以分别表示为:

（1）欠阻尼系统（$\zeta<1$）：

$$x(t)=\mathrm{e}^{-\zeta\omega_n t}\left[x_0\cos\omega_\mathrm{d}t+\frac{\dot{x}_0+\zeta\omega_n x_0}{\omega_\mathrm{d}}\sin\omega_\mathrm{d}t\right] \tag{2-16}$$

式中，$x_0=x\big|_{t=0}$ 为初始位移；$\dot{x}_0=\dfrac{\mathrm{d}x}{\mathrm{d}t}\Big|_{t=0}$ 为初始速度；ω_d 为阻尼振动的频率，

$\omega_\mathrm{d}=\sqrt{1-\zeta^2}\,\omega_n$。

（2）临界阻尼系统（$\zeta=1$）：

$$x(t)=[x_0+(\dot{x}_0+\omega_n x_0)t]\mathrm{e}^{-\omega_n t} \tag{2-17}$$

（3）过阻尼系统（$\zeta>1$）：

$$x(t)=C_1\mathrm{e}^{(-\zeta+\sqrt{\zeta^2-1})\omega_n t}+C_2\mathrm{e}^{(-\zeta-\sqrt{\zeta^2-1})\omega_n t} \tag{2-18}$$

其中，

$$C_1=\frac{x_0\omega_n(\zeta+\sqrt{\zeta^2-1})+\dot{x}_0}{2\omega_n\sqrt{\zeta^2-1}},\quad C_2=\frac{-x_0\omega_n(\zeta-\sqrt{\zeta^2-1})-\dot{x}_0}{2\omega_n\sqrt{\zeta^2-1}}$$

系统在不同阻尼水平下的自由振动响应如图 2-7 所示。

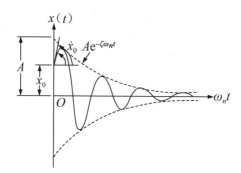

（a）欠阻尼振动（$\zeta<1$）

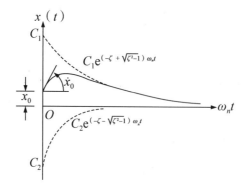

（b）过阻尼振动（$\zeta>1$）

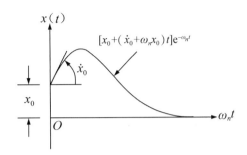

(c)临界阻尼振动($\zeta=1$)

图 2-7　不同阻尼水平下的自由振动响应图

2.2.2　单自由度系统的强迫振动

当无阻尼系统受到简谐力 $f(t)=f_0\cos \omega t$ 作用时,系统的运动方程可以表示为

$$m\ddot{x}+kx=f_0\cos \omega t \qquad\qquad (2\text{-}19)$$

式中,f_0 是作用力的大小;ω 是作用力的频率。

方程(2-19)的稳定解为

$$x_p(t)=A\cos \omega t \qquad\qquad (2\text{-}20)$$

式中,$A=\dfrac{f_0}{k-m\omega^2}=\dfrac{\delta_{st}}{1-(\omega/\omega_n)^2}$ 表示稳定响应的最大幅值;$\delta_{st}=\dfrac{f_0}{k}$ 表示质量块在外力 f_0 作用下的最大静挠度;$\dfrac{A}{\delta_{st}}=\dfrac{1}{1-(\omega/\omega_n)^2}$ 表示运动的动态振幅与静态振幅之比,被称为放大因子或振幅比;$r=\dfrac{\omega}{\omega_n}$ 表示频率比。

振幅比 $\left|\dfrac{A}{\delta_{st}}\right|$ 随频率比 $\left|\dfrac{\omega}{\omega_n}\right|$ 的变化曲线如图 2-8 所示。

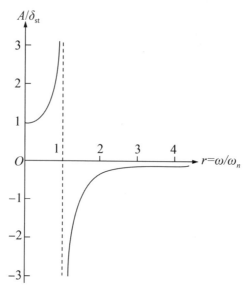

图 2-8 无阻尼系统的振幅比随频率比的变化曲线

方程(2-19)的解包括齐次解和特殊解,由下式给出:

$$x(t) = \left(x_0 - \frac{f_0}{k - m\omega^2}\right)\cos \omega_n t + \frac{\dot{x}_0}{\omega_n}\sin \omega_n t + \frac{f_0}{k - m\omega^2}\cos \omega t \qquad (2\text{-}21)$$

当简谐力 $f(t) = f_0 \cos \omega t$ 作用于阻尼系统时,运动方程则变为

$$m\ddot{x} + c\dot{x} + kx = f_0 \cos \omega t \qquad (2\text{-}22)$$

方程(2-22)的特殊解可以表示为

$$x_p(t) = A\cos(\omega t - \varphi) \qquad (2\text{-}23)$$

式中,A 表示振幅;φ 表示相位角。

$$A = \frac{f_0}{\left[(k - m\omega^2)^2 + c^2\omega^2\right]^{\frac{1}{2}}} = \frac{\delta_{st}}{\left[(1 - r^2)^2 + (2\zeta r)^2\right]^{\frac{1}{2}}} \qquad (2\text{-}24)$$

$$\varphi = \arctan \frac{c\omega}{k - m\omega^2} = \arctan \frac{2\zeta r}{1 - r^2} \qquad (2\text{-}25)$$

振幅比 $\left[\dfrac{A}{\delta_{st}}\right]$ 和相位角(φ)随频率比(r)的变化曲线如图 2-9 所示。

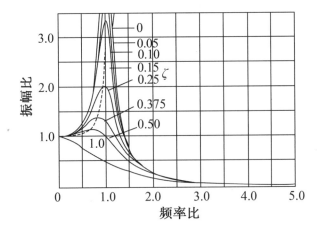

（a）振幅比随频率比的变化曲线

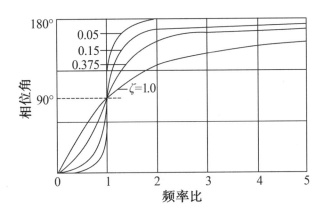

（b）相位角随频率比的变化曲线

图 2-9 阻尼谐波响应图

在欠阻尼情况下，方程（2-22）的总解可以表示为

$$x(t) = X_0 \mathrm{e}^{-\zeta \omega_n t} \cos(\omega_d t - \varphi_0) + X(\omega t - \varphi) \tag{2-26}$$

式中，A 和 φ 分别由式（2-24）和式（2-25）确定；A_0 和 φ_0 由初始条件确定。如果初始条件 $x_0 = x \big|_{t=0}$，$\dot{x}_0 = \dfrac{\mathrm{d}x}{\mathrm{d}t} \Big|_{t=0}$，则方程（2-26）满足

$$\begin{cases} x_0 = A_0 \cos \varphi_0 + A \cos \varphi \\ \dot{x}_0 = -\zeta \omega_n A_0 \cos \varphi_0 + \omega_d A_0 \sin \varphi_0 + \omega A \sin \varphi \end{cases} \tag{2-27}$$

求解方程组（2-27）可以求得 A_0 和 φ_0 的值。

2.3 多自由度系统振动

图 2-10(a)所示是一个典型的 n 自由度系统。对于多自由度系统,用矩阵表示运动方程和描述振动响应更为方便。令 x_i 表示从其静态平衡位置测量的质量块 m_i 的位移($i=1,2,\cdots,n$)。图 2-10(a)所示的 n 自由度系统的运动方程可由图 2-10(b)所示质量块的自由体图推导,用矩阵形式可以表示为

$$m\ddot{x}+c\dot{x}+kx=f \tag{2-28}$$

式中,m、c 和 k 分别表示质量矩阵、阻尼矩阵和刚度矩阵,且

$$m=\begin{bmatrix} m_1 & 0 & 0 & \cdots & 0 \\ 0 & m_2 & 0 & \cdots & 0 \\ 0 & 0 & m_3 & \cdots & 0 \\ \vdots & \vdots & \vdots & & \vdots \\ 0 & 0 & 0 & \cdots & m_n \end{bmatrix} \tag{2-29}$$

$$c=\begin{bmatrix} c_1+c_2 & -c_2 & 0 & \cdots & 0 & 0 \\ -c_2 & c_2+c_3 & -c_3 & \cdots & 0 & 0 \\ 0 & -c_3 & c_3+c_4 & \cdots & 0 & 0 \\ \vdots & \vdots & \vdots & & \vdots & \vdots \\ 0 & 0 & 0 & \cdots & -c_{n-1} & c_n \end{bmatrix} \tag{2-30}$$

$$k=\begin{bmatrix} k_1+k_2 & -k_2 & 0 & \cdots & 0 & 0 \\ -k_2 & k_2+k_3 & -k_3 & \cdots & 0 & 0 \\ 0 & -k_3 & k_3+k_4 & \cdots & 0 & 0 \\ \vdots & \vdots & \vdots & & \vdots & \vdots \\ 0 & 0 & 0 & \cdots & -k_{n-1} & k_n \end{bmatrix} \tag{2-31}$$

x、$\dot{x}$ 和 $\ddot{x}$ 分别表示质量块的位移、速度和加速度;f 表示作用在质量块上的力,可分别表示为

$$\boldsymbol{x} = \begin{bmatrix} x_1 \\ x_2 \\ x_3 \\ \vdots \\ x_n \end{bmatrix}, \quad \dot{\boldsymbol{x}} = \begin{bmatrix} \dot{x}_1 \\ \dot{x}_2 \\ \dot{x}_3 \\ \vdots \\ \dot{x}_n \end{bmatrix}, \quad \ddot{\boldsymbol{x}} = \begin{bmatrix} \ddot{x}_1 \\ \ddot{x}_2 \\ \ddot{x}_3 \\ \vdots \\ \ddot{x}_n \end{bmatrix}, \quad \boldsymbol{f} = \begin{bmatrix} f_1 \\ f_2 \\ f_3 \\ \vdots \\ f_n \end{bmatrix} \tag{2-32}$$

图 2-10 所示的弹簧-质量-阻尼系统是一般 n 自由度系统的一个特殊情况。在一般 n 自由度系统中,质量矩阵、阻尼矩阵和刚度矩阵可以分别表示为

$$\boldsymbol{m} = \begin{bmatrix} m_{11} & m_{12} & m_{13} & \cdots & m_{1n} \\ m_{21} & m_{22} & m_{23} & \cdots & m_{2n} \\ \vdots & \vdots & \vdots & & \vdots \\ m_{n1} & m_{n2} & m_{n3} & \cdots & m_{nn} \end{bmatrix} \tag{2-33}$$

$$\boldsymbol{c} = \begin{bmatrix} c_{11} & c_{12} & c_{13} & \cdots & c_{1n} \\ c_{21} & c_{22} & c_{23} & \cdots & c_{2n} \\ \vdots & \vdots & \vdots & & \vdots \\ c_{n1} & c_{n2} & c_{n3} & \cdots & c_{nn} \end{bmatrix} \tag{2-34}$$

$$\boldsymbol{k} = \begin{bmatrix} k_{11} & k_{12} & k_{13} & \cdots & k_{1n} \\ k_{21} & k_{22} & k_{23} & \cdots & k_{2n} \\ \vdots & \vdots & \vdots & & \vdots \\ k_{n1} & k_{n2} & k_{n3} & \cdots & k_{nn} \end{bmatrix} \tag{2-35}$$

方程(2-28)表示 n 个耦合的二阶常微分方程。这些方程可以通过模态分析的过程来解耦,在解耦过程中需要用到系统的固有频率和主模态。

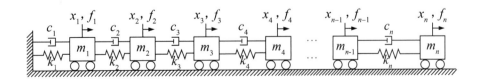

(a) n 自由度系统

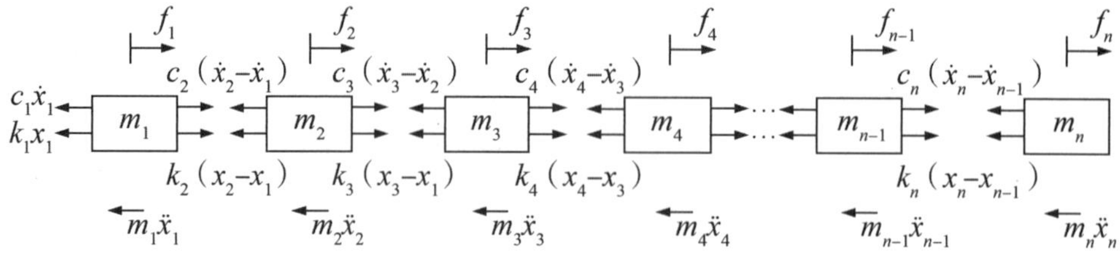

（b）质量块的自由体图

图 2-10 弹簧-质量-阻尼系统

2.3.1 固有频率和主振型

无阻尼系统自由振动的控制方程可以表示为

$$m\ddot{x} + kx = 0 \tag{2-36}$$

方程的解可以假设为谐波形式，即

$$x = A\sin(\omega t + \varphi) \tag{2-37}$$

因此，

$$\ddot{x} = -\omega^2 A\sin(\omega t + \varphi) \tag{2-38}$$

将方程（2-37）和方程（2-38）代入方程（2-36）可得

$$(k - \omega^2 m)A = 0 \tag{2-39}$$

对于系数向量 A 的非平凡解，系数矩阵的行列式必须等于零，即

$$\det(k - \omega^2 m) = 0 \tag{2-40}$$

方程（2-40）是关于 ω^2 的 n 次多项式，被称为系统的频率方程或特征方程。多项式有 n 个特征值 $\omega_1^2, \omega_2^2, \cdots, \omega_n^2$，特征值的平方根构成系统的固有频率 $\omega_1, \omega_2, \cdots, \omega_n$。固有频率通常按照由小到大的顺序排列，即

$$0 \leqslant \omega_1 \leqslant \omega_2 \leqslant \cdots \leqslant \omega_n \tag{2-41}$$

其中，最低阶固有频率 ω_1 称为第一阶固有频率或基频，$\omega_2, \omega_3, \cdots, \omega_n$ 分别称为二阶固有频率、三阶固有频率……n 阶固有频率。

在振动系统中，固有频率是决定系统振动特性的重要物理量，该物理量

既是防止系统共振的依据，又是多自由度系统解耦分析（模态分析）的前提。

对于每个固有频率 ω_i，可以从方程（2-29）中得到相应的非平凡向量 $\boldsymbol{A}^{(i)}$，公式为

$$(\boldsymbol{k} - \omega_i^2 \boldsymbol{m})\boldsymbol{A}^{(i)} = \boldsymbol{0} \tag{2-42}$$

式中，向量 $\boldsymbol{A}^{(i)}$ 为与固有频率 ω_i 相对应的特征向量。它表示系统在以 ω_i 的频率作自由振动时，各物块振幅的相对大小，称为第 i 阶主振型。主振型也称为固有振型或主模态。

方程（2-42）表示的 n 个齐次方程中，任何一组 $(n-1)$ 个方程都可以用剩余的 $\boldsymbol{A}^{(i)}$ 表示 $A_1^{(i)}, A_2^{(i)}, \cdots, A_n^{(i)}$ 中的任何 $(n-1)$ 个量。由于方程（2-42）表示齐次方程系统，如果 $\boldsymbol{A}^{(i)}$ 是方程（2-42）的一个解，则 $c_i \boldsymbol{A}^{(i)}$（c_i 是任意常数）也是方程的一个解。这表明模态的振型是唯一的，但是振幅不是唯一的。通常，运用标准化方法分配给特征向量 $\boldsymbol{A}^{(i)}$ 值，使其具有唯一性。一种常见的标准化方法是关于质量矩阵的标准化方法，即

$$\boldsymbol{A}^{(i)\mathrm{T}} \boldsymbol{m} \boldsymbol{A}^{(i)} = 1, \quad i = 1, 2, \cdots, n \tag{2-43}$$

式中，上标 T 代表转置。

2.3.2　模态向量的正交性

模态向量相对于系统的质量矩阵 $\boldsymbol{m}$ 和刚度矩阵 $\boldsymbol{k}$ 具有一种重要的正交性。为了证明这个性质，假设 $\boldsymbol{A}^{(i)}$、$\boldsymbol{A}^{(j)}$ 分别对应于固有频率为 ω_i 和 ω_j 的主振型，由此可得

$$\boldsymbol{k} \boldsymbol{A}^{(i)} = \omega_i^2 \boldsymbol{m} \boldsymbol{A}^{(i)} \tag{2-44}$$

$$\boldsymbol{k} \boldsymbol{A}^{(j)} = \omega_j^2 \boldsymbol{m} \boldsymbol{A}^{(j)} \tag{2-45}$$

方程（2-44）两边左乘 $\boldsymbol{A}^{(j)\mathrm{T}}$，方程（2-45）两边左乘 $\boldsymbol{A}^{(i)\mathrm{T}}$，得

$$\boldsymbol{A}^{(j)\mathrm{T}} \boldsymbol{k} \boldsymbol{A}^{(i)} = \omega_i^2 \boldsymbol{A}^{(j)\mathrm{T}} \boldsymbol{m} \boldsymbol{A}^{(i)} \tag{2-46}$$

$$\boldsymbol{A}^{(i)\mathrm{T}} \boldsymbol{k} \boldsymbol{A}^{(j)} = \omega_j^2 \boldsymbol{A}^{(i)\mathrm{T}} \boldsymbol{m} \boldsymbol{A}^{(j)} \tag{2-47}$$

由于 k 和 m 都是对称矩阵,将方程(2-47)转置后减去方程(2-46),得

$$(\omega_i^2 - \omega_j^2)\boldsymbol{A}^{(j)\mathrm{T}}\boldsymbol{m}\boldsymbol{A}^{(i)} = 0 \qquad (2\text{-}48)$$

当 $i \neq j$ 时,由于特征值是不同的,所以 $\omega_i \neq \omega_j$。由式(2-48)得

$$\boldsymbol{A}^{(j)\mathrm{T}}\boldsymbol{m}\boldsymbol{A}^{(i)} = 0, \quad i \neq j \qquad (2\text{-}49)$$

将方程(2-49)代入方程(2-46)得

$$\boldsymbol{A}^{(j)\mathrm{T}}\boldsymbol{k}\boldsymbol{A}^{(i)} = 0, \quad i \neq j \qquad (2\text{-}50)$$

方程(2-49)和方程(2-50)表明,对应于不同固有频率的主振型之间,既关于质量矩阵相互正交,又关于刚度矩阵相互正交,这就是主振型的正交性。

当 $i = j$ 时,方程(2-46)和方程(2-47)变为

$$\boldsymbol{A}^{(i)\mathrm{T}}\boldsymbol{k}\boldsymbol{A}^{(j)} = \omega_i^2 \boldsymbol{A}^{(i)\mathrm{T}}\boldsymbol{m}\boldsymbol{A}^{(j)} \qquad (2\text{-}51)$$

如果将特征向量根据方程(2-43)进行标准化处理,则方程(2-51)可以表示为

$$\boldsymbol{A}^{(i)\mathrm{T}}\boldsymbol{k}\boldsymbol{A}^{(j)} = \omega_i^2 \qquad (2\text{-}52)$$

考虑到所有的特征向量,方程(2-43)和方程(2-52)可以改写为如下矩阵形式:

$$\boldsymbol{A}^{\mathrm{T}}\boldsymbol{m}\boldsymbol{A} = \boldsymbol{I} = \begin{bmatrix} 1 & 0 & 0 & \cdots & 0 \\ 0 & 1 & 0 & \cdots & 0 \\ 0 & 0 & 1 & \cdots & 0 \\ \vdots & \vdots & \vdots & & \vdots \\ 0 & 0 & 0 & \cdots & 1_n \end{bmatrix} \qquad (2\text{-}53)$$

$$\boldsymbol{A}^{\mathrm{T}}\boldsymbol{k}\boldsymbol{A} = [\boldsymbol{\omega}_i^2] = \begin{bmatrix} \omega_1^2 & 0 & 0 & \cdots & 0 \\ 0 & \omega_2^2 & 0 & \cdots & 0 \\ 0 & 0 & \omega_3^2 & \cdots & 0 \\ \vdots & \vdots & \vdots & & \vdots \\ 0 & 0 & 0 & \cdots & \omega_i^2 \end{bmatrix} \qquad (2\text{-}54)$$

其中,$n \times n$ 阶矩阵 $\boldsymbol{A}$ 称为模态矩阵,包含特征向量 $\boldsymbol{A}^{(1)}, \boldsymbol{A}^{(2)}, \cdots, \boldsymbol{A}^{(n)}$:

$$\boldsymbol{A} = [\boldsymbol{A}^{(1)}, \boldsymbol{A}^{(2)}, \cdots, \boldsymbol{A}^{(n)}] \tag{2-55}$$

2.3.3 多自由度系统的自由振动

无阻尼 n 自由度系统自由振动的控制方程可以表示为

$$\boldsymbol{m}\ddot{\boldsymbol{x}} + \boldsymbol{k}\boldsymbol{x} = \boldsymbol{0} \tag{2-56}$$

用模态分析法可以将方程(2-56)表示的 n 个耦合的二阶齐次微分方程解耦。由于系统任何一种可能的运动都可以用主振型的线性组合来表示,因此在求解过程中,将 $\boldsymbol{x}(t)$ 表示为主振型 $\boldsymbol{A}^{(i)}(i=1,2,\cdots,n)$ 的叠加:

$$\boldsymbol{x}(t) = \sum_{i=1}^{n} \eta_i(t)\boldsymbol{A}^{(i)} = \boldsymbol{A}\boldsymbol{\eta}(t) \tag{2-57}$$

式中,$\eta_i(t)$ 是关于时间 t 的未知函数,称为模态坐标(或广义坐标);$\boldsymbol{\eta}(t)$ 是模态坐标向量:

$$\boldsymbol{\eta}(t) = \begin{bmatrix} \boldsymbol{\eta}_1(t) \\ \boldsymbol{\eta}_2(t) \\ \vdots \\ \boldsymbol{\eta}_n(t) \end{bmatrix}^{\mathrm{T}} \tag{2-58}$$

方程(2-57)为模态叠加法计算公式。将方程(2-57)代入方程(2-56)可得

$$\boldsymbol{m}\boldsymbol{A}\ddot{\boldsymbol{\eta}} + \boldsymbol{k}\boldsymbol{A}\boldsymbol{\eta} = \boldsymbol{0} \tag{2-59}$$

方程两边左乘 $\boldsymbol{A}^{\mathrm{T}}$ 可得

$$\boldsymbol{A}^{\mathrm{T}}\boldsymbol{m}\boldsymbol{A}\ddot{\boldsymbol{\eta}} + \boldsymbol{A}^{\mathrm{T}}\boldsymbol{k}\boldsymbol{A}\boldsymbol{\eta} = \boldsymbol{0} \tag{2-60}$$

结合方程(2-53)和方程(2-54),可得到一组 n 个不耦合的二阶微分方程:

$$\frac{\mathrm{d}^2\eta_i(t)}{\mathrm{d}x} + \omega_i{}^2\eta_i(t) = 0, \quad i = 1, 2, \cdots, n \tag{2-61}$$

假设系统的初始条件为

$$x(t=0)=x_0=\begin{bmatrix} x_{1,0} \\ x_{2,0} \\ \vdots \\ x_{n,0} \end{bmatrix} \tag{2-62}$$

$$\dot{x}(t=0)=\dot{x}_0=\begin{bmatrix} \dot{x}_{1,0} \\ \dot{x}_{2,0} \\ \vdots \\ \dot{x}_{n,0} \end{bmatrix} \tag{2-63}$$

方程(2-57)两边左乘 $\boldsymbol{A}^{\mathrm{T}}\boldsymbol{m}$，运用方程(2-53)可得

$$\boldsymbol{\eta}(t)=\boldsymbol{A}^{\mathrm{T}}\boldsymbol{m}\boldsymbol{x}(t) \tag{2-64}$$

因此，相对应的 $\boldsymbol{\eta}(t)$ 的初始条件可以表示为

$$\begin{bmatrix} \boldsymbol{\eta}_1(0) \\ \boldsymbol{\eta}_2(0) \\ \vdots \\ \boldsymbol{\eta}_n(0) \end{bmatrix}=\boldsymbol{\eta}(0)=\boldsymbol{A}^{\mathrm{T}}\boldsymbol{m}\boldsymbol{x}_0 \tag{2-65}$$

$$\begin{bmatrix} \dot{\boldsymbol{\eta}}_1(0) \\ \dot{\boldsymbol{\eta}}_2(0) \\ \vdots \\ \dot{\boldsymbol{\eta}}_n(0) \end{bmatrix}=\dot{\boldsymbol{\eta}}(0)=\boldsymbol{A}^{\mathrm{T}}\boldsymbol{m}\dot{\boldsymbol{x}}_0 \tag{2-66}$$

方程(2-61)的解可以表示为

$$\eta_i(t)=\eta_i(0)\cos \omega_i t+\frac{\dot{\eta}_i(0)}{\omega_i}\sin \omega_i t, \quad i=1,2,\cdots,n \tag{2-67}$$

其中，$\eta_i(0)$ 和 $\dot{\eta}_i(0)$ 可以由方程(2-65)和方程(2-66)确定：

$$\eta_i(0)=\boldsymbol{A}^{(i)\mathrm{T}}\boldsymbol{m}\boldsymbol{x}_0 \tag{2-68}$$

$$\dot{\eta}_i(0)=\boldsymbol{A}^{(i)\mathrm{T}}\boldsymbol{m}\dot{\boldsymbol{x}}_0 \tag{2-69}$$

一旦 $\eta_i(t)$ 被确定，则自由振动的解 $\boldsymbol{x}(t)$ 可以通过方程(2-57)求得。

2.3.4　多自由度系统的强迫振动

无阻尼 n 自由度系统的强迫振动由下列方程控制：

$$m\ddot{x} + kx = f(t) \tag{2-70}$$

假设系统的特征值 ω_i^2 和相对应的特征向量 $A^{(i)}$ 已知，方程(2-70)的解可以假设为特征向量的线性组合：

$$x(t) = \sum_{i=1}^{n} \eta_i(t) A^{(i)} = A\eta(t) \tag{2-71}$$

将方程(2-71)代入方程(2-70)，并在方程(2-70)两边左乘 A^{T} 可得

$$A^{\mathrm{T}} mA\ddot{\eta} + A^{\mathrm{T}} kA\eta = A^{\mathrm{T}} f \tag{2-72}$$

由方程(2-53)和方程(2-54)可知，方程(2-72)可以改写为

$$\ddot{\eta} + \omega_i^2 \eta = Q \tag{2-73}$$

式中，$Q(t) = A^{\mathrm{T}} f(t)$ 称为模态力(或广义力)。

方程(2-73)表示的 n 个非耦合微分方程可以用标量的形式表示为

$$\frac{\mathrm{d}^2 \eta_i(t)}{\mathrm{d}x} + \omega_i^2 \eta_i(t) = Q_i(t), \quad i = 1, 2, \cdots, n \tag{2-74}$$

式中，

$$Q_i(t) = X^{(i)\mathrm{T}} f(t) \tag{2-75}$$

方程组(2-74)中的每一个方程都可以看作是受力函数作用的无阻尼单自由度系统的运动方程。因此，采用 $\eta_i(t), Q_i(t), \eta_{i,0}$ 和 $\dot{\eta}_{i,0}$ 分别代替 $x(t)$，$F(t), x_0$ 和 $\dot{x}_0$，方程组(2-74)的解可以表示为

$$\eta_i(t) = \int_0^t Q_i(t) h(t-\tau) \mathrm{d}\tau + g(t) \eta_{i,0} + h(t) \dot{\eta}_{i,0} \tag{2-76}$$

式中，τ 表示任意时刻，

$$h(t) = \frac{1}{\omega_i} \sin \omega_i t \tag{2-77}$$

$$g(t) = \cos \omega_i t \tag{2-78}$$

当初始条件 x_0 和 $\dot{x}_0$ 已知时，初始值 $\eta_{i,0}$ 和 $\dot{\eta}_{i,0}$ 可以通过方程(2-65)和方程(2-66)求得。

2.4 连续系统的振动

以上我们讨论的都是离散系统，并且假设质量、阻尼和弹性都只存在于系统中的某些离散点中。但是，实际的振动系统都是弹性体系统，它们具有连续分布的质量和弹性，这些振动系统被称为连续系统或分布参数系统。在连续系统中，由于必须考虑质量、阻尼和弹性的连续分布，因此可以假设系统的无穷多个点都可以振动。因此，连续系统也被称为无限自由度系统。

在本节中，我们将研究简单连续系统的振动。一般来说，连续系统的控制方程为偏微分方程，并且频率方程是一个超越方程，会产生无穷多个固有频率和法向模态，需要应用边界条件来求连续系统的固有频率。

2.4.1 梁的横向振动微分方程

在图 2-11 所示的梁的弯曲图中，已知 $M(x,t)$ 为弯矩，$V(x,t)$ 为剪力，$f(x,t)$ 为单位长度梁上分布的外力，$w(x,t)$ 为梁的横向挠度。

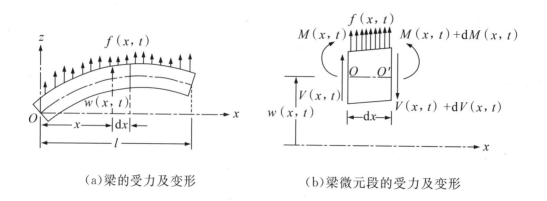

（a）梁的受力及变形　　　　　　（b）梁微元段的受力及变形

图 2-11　梁的弯曲示意图

作用在梁单元上的惯性力可以表示为

$$\rho A(x)\mathrm{d}x\,\frac{\partial^2 w(x,t)}{\partial t^2}$$

其中,ρ 是密度;$A(x)$是梁的横截面面积。

由力矩平衡方程有

$$-(V+\mathrm{d}V)+f(x,t)\mathrm{d}x+V=\rho A(x)\frac{\partial^2 w(x,t)}{\partial t^2} \tag{2-79}$$

由力矩平衡方程有

$$(M+\mathrm{d}M)-(V+\mathrm{d}V)\mathrm{d}x+f(x,t)\mathrm{d}x\,\frac{\mathrm{d}x}{2}-M=0 \tag{2-80}$$

式中,$\mathrm{d}V=\dfrac{\delta V}{\delta x}\mathrm{d}x$;$\mathrm{d}M=\dfrac{\delta M}{\delta t}\mathrm{d}x$。

忽略 $\mathrm{d}x$ 中涉及二次幂的项,方程(2-79)和方程(2-80)可以分别写成

$$-\frac{\delta V(x,t)}{\delta x}+f(x,t)=\rho A(x)\mathrm{d}x\,\frac{\partial^2 \omega(x,t)}{\partial t^2} \tag{2-81}$$

$$\frac{\delta M(x,t)}{\delta x}-V(x,t)=0 \tag{2-82}$$

由方程(2-82)可知 $V=\dfrac{\partial M}{\partial x}$,将其代入方程(2-81)可得

$$-\frac{\partial^2 M(x,t)}{\partial x^2}+f(x,t)=\rho A(x)\mathrm{d}x\,\frac{\partial^2 w(x,t)}{\partial t^2} \tag{2-83}$$

由材料力学的平截面假设得知,弯矩与挠度之间的关系为

$$M(x,t)=EI(x)\frac{\partial^2 w(x,t)}{\partial t^2} \tag{2-84}$$

式中,E 为杨氏模量;$I(x)$ 为梁截面绕 y 轴的惯性矩。将方程(2-84)代入方程(2-83),可得到欧拉-伯努利梁横向振动运动方程:

$$\frac{\partial^2}{\partial x^2}\left[EI(x)\frac{\partial^2 w(x,t)}{\partial t^2}\right]+\rho A(x)\mathrm{d}x\,\frac{\partial^2 w(x,t)}{\partial t^2}=f(x,t) \tag{2-85}$$

对于等截面梁,抗弯刚度 EI 为一常数,方程(2-85)可以表示为

$$EI \frac{\partial^4 w(x,t)}{\partial x^4} + \rho A(x) \mathrm{d}x \frac{\partial^2 w(x,t)}{\partial t^2} = f(x,t) \qquad (2\text{-}86)$$

由于运动方程包含一个关于时间的二阶导数和一个关于 x 的四阶导数，因此需要知道两个初始条件和四个边界条件来求 $w(x,t)$ 的唯一解。通常，在 $t=0$ 时刻的横向位移和速度被确定为 $w(0)$ 和 $\dot{w}(0)$，这样初始条件就变为：

$$\begin{cases} w(x,t=0) = w_0(x) \\[2mm] \dfrac{\delta w}{\delta x}(x,t=0) = \dot{w}_0(x) \end{cases} \qquad (2\text{-}87)$$

2.4.2　梁的自由振动

对于自由振动，方程（2-86）中的 $f(x,t)=0$，因此自由振动的运动方程为

$$c^2 \frac{\partial^4 w(x,t)}{\partial x^4} + \frac{\partial^2 w(x,t)}{\partial t^2} = 0 \qquad (2\text{-}88)$$

式中，

$$c = \sqrt{\frac{EI}{\rho A}} \qquad (2\text{-}89)$$

采用分离变量法可以对自由振动方程进行求解，假设

$$w(x,t) = W(x)T(t) \qquad (2\text{-}90)$$

将方程（2-90）代入方程（2-88）可得

$$\frac{c^2}{W(x)} \frac{\mathrm{d}^4 W(x)}{\mathrm{d}x^4} = -\frac{1}{T(t)} \frac{\mathrm{d}^2 T(x)}{\mathrm{d}t^2} = a = \omega^2 \qquad (2\text{-}91)$$

式中，a 是正常数。方程（2-91）可以写成如下两个方程：

$$\frac{\mathrm{d}^4 W(x)}{\mathrm{d}x^4} - \beta^4 W(x) = 0 \qquad (2\text{-}92)$$

$$\frac{\mathrm{d}^2 T(x)}{\mathrm{d}t^2} + \omega^2 T(x) = 0 \qquad (2\text{-}93)$$

式中，

$$\beta^4 = \frac{\omega^2}{c^2} = \frac{\rho A \omega^2}{EI} \qquad (2\text{-}94)$$

方程(2-93)的解可以表示为

$$T(t) = A\cos\omega t + B\sin\omega t \qquad (2\text{-}95)$$

其中，A 和 B 是可以由初始条件确定的常数。

对于方程(2-92)的解，假设

$$W(x) = Ce^{sx} \qquad (2\text{-}96)$$

其中，C 和 s 是常数，可推导出辅助方程：

$$s^4 - \beta^4 = 0 \qquad (2\text{-}97)$$

方程(2-97)的根为

$$s_{1,2} = \pm\beta, \quad s_{3,4} = \pm i\beta \qquad (2\text{-}98)$$

因此方程(2-92)的解可以表示为

$$W(x) = C_1 e^{\beta x} + C_2 e^{-\beta x} + C_3 e^{i\beta x} + C_4 e^{-i\beta x} \qquad (2\text{-}99)$$

梁的固有频率可由方程(2-94)计算得到：

$$\omega = \beta^2 \sqrt{\frac{EI}{\rho A}} = (\beta l)^2 \sqrt{\frac{EI}{\rho A l^4}} \qquad (2\text{-}100)$$

函数 $W(x)$ 称为梁的主振型或特征函数，ω 称为自由振动的固有频率。

梁的两端共有四个边界条件，常见的简单边界有以下几种：

(1)自由端

在梁的自由端上，弯矩 M 与剪力 V 等于零，即

$$EI\frac{\partial^2 w}{\partial x^2} = 0, \quad \frac{\partial w}{\partial x}\left(EI\frac{\partial^2 w}{\partial x^2}\right) = 0, \quad x = 0 \text{ 或 } x = l \qquad (2\text{-}101)$$

(2)简支端

在梁的简支端上，挠度 w 与弯矩 M 等于零，即

$$w = 0, \; EI\frac{\partial^2 w}{\partial x^2} = 0, \quad x = 0 \text{ 或 } x = l \qquad (2\text{-}102)$$

（3）固定（夹紧）端

在梁的固定端上，挠度 w 与转角等于零，即

$$w=0, \quad \frac{\partial w}{\partial x}=0, \quad x=0 \text{ 或 } x=l \tag{2-103}$$

表 2-1 给出了一般边界条件下梁的频率方程、主振型和固有频率。

表 2-1　梁横向振动的一般边界条件

梁端条件	频率方程	主振型	$\beta_n l$ 值
两端铰支	$\sin \beta_n l=0$	$W_n(x)=C_n(\sin \beta_n x)$	$\beta_1 l=\pi$ $\beta_2 l=2\pi$ $\beta_3 l=3\pi$ $\beta_4 l=4\pi$
两端自由	$\cos \beta_n l \cdot \cosh \beta_n l=1$	$W_n(x)=C_n[\sin \beta_n x+\sinh \beta_n x$ $+\alpha_n(\cos \beta_n x+\cosh \beta_n x)]$ 其中 $\alpha_n=\dfrac{\sin \beta_n l-\sinh \beta_n l}{\cosh \beta_n l-\cos \beta_n l}$	$\beta_1 l=4.730\ 041$ $\beta_2 l=7.853\ 205$ $\beta_3 l=10.995\ 68$ $\beta_4 l=14.137\ 165$
两端固定	$\cos \beta_n l \cdot \cosh \beta_n l=1$	$W_n(x)=C_n[\sinh \beta_n x-\sin \beta_n x+$ $\alpha_n(\cosh \beta_n x-\cos \beta_n x)]$ 其中 $\alpha_n=\dfrac{\sinh \beta_n l-\sin \beta_n l}{\cos \beta_n l-\cosh \beta_n l}$	$\beta_1 l=4.730\ 041$ $\beta_2 l=7.853\ 205$ $\beta_3 l=10.995\ 68$ $\beta_4 l=14.137\ 165$

续表

梁端条件	频率方程	主振型	$\beta_n l$ 值
一端固定 一端自由	$\cos \beta_n l \cdot \cosh \beta_n l = -1$	$W_n(x) = C_n [\sin \beta_n x - \sinh \beta_n x$ $- \alpha_n (\cos \beta_n x - \cosh \beta_n x)]$ 其中 $\alpha_n = \dfrac{\sin \beta_n l + \sinh \beta_n l}{\cos \beta_n l + \cosh \beta_n l}$	$\beta_1 l = 1.875\ 104$ $\beta_2 l = 4.694\ 091$ $\beta_3 l = 7.854\ 757$ $\beta_4 l = 10.995\ 541$
一端固定 一端铰支	$\tan \beta_n l - \tanh \beta_n l = 0$	$W_n(x) = C_n [\sin \beta_n x - \sinh \beta_n x$ $+ \alpha_n (\cosh \beta_n x - \cos \beta_n x)]$ 其中 $\alpha_n = \dfrac{\sin \beta_n l - \sinh \beta_n l}{\cos \beta_n l - \cosh \beta_n l}$	$\beta_1 l = 3.926\ 602$ $\beta_2 l = 7.068\ 583$ $\beta_3 l = 10.210\ 176$ $\beta_4 l = 13.351\ 768$
一端铰支 一端自由	$\tan \beta_n l - \tanh \beta_n l = 0$	$W_n(x) = C_n [\sin \beta_n x +$ $\alpha_n \sinh \beta_n x]$ 其中 $\alpha_n = \dfrac{\sin \beta_n l}{\sinh \beta_n l}$	$\beta_1 l = 3.926\ 602$ $\beta_2 l = 7.068\ 583$ $\beta_3 l = 10.210\ 176$ $\beta_4 l = 13.351\ 768$

2.4.3　梁的强迫振动

2.4.3.1　主振型的正交性

主振型函数 $W(x)$ 满足方程(2-92)，即

$$c^2 \frac{\mathrm{d}^4 W(x)}{\mathrm{d}x^4} - \omega^2 W(x) = 0 \qquad (2\text{-}104)$$

假设 $W_i(x)$ 和 $W_j(x)$ 分别是固有频率 ω_i 和 $\omega_j (i \neq j)$ 对应的主振型函

数,则

$$c^2 \frac{\mathrm{d}^4 W_i(x)}{\mathrm{d}x^4} - \omega_i{}^2 W_i(x) = 0 \qquad (2\text{-}105)$$

$$c^2 \frac{\mathrm{d}^4 W_j(x)}{\mathrm{d}x^4} - \omega_j{}^2 W_j(x) = 0 \qquad (2\text{-}106)$$

将方程(2-105)两边乘以 W_j 并沿梁长对 x 积分,方程(2-106)两边乘以 W_i 并沿梁长对 x 积分,并将两式相减可得

$$\int_0^l \left[c^2 \frac{\mathrm{d}^4 W_i}{\mathrm{d}x^4} W_j - \omega_i{}^2 W_i W_j \right] \mathrm{d}x - \int_0^l \left[c^2 \frac{\mathrm{d}^4 W_j}{\mathrm{d}x^4} W_i - \omega_j{}^2 W_j W_i \right] \mathrm{d}x = 0$$

$$(2\text{-}107)$$

即

$$\int_0^l W_i W_j \mathrm{d}x = -\frac{c^2}{\omega_i{}^2 - \omega_j{}^2} \int (W_i'' W_j - W_i W_j'') \mathrm{d}x \qquad (2\text{-}108)$$

式(2-108)的右边可用分部积分法计算,即

$$\int_0^l W_i W_j \mathrm{d}x = -\frac{c^2}{\omega_i{}^2 - \omega_j{}^2} (W_i'' W_j - W_i W_j'' + \quad W_j' W_i'' - W_i' W_j'') \Big|_0^l$$

$$(2\text{-}109)$$

由式(2-101)~(2-103)可知,式(2-109)的右侧对于自由端、简支端或固定端等任意端部边界的组合都为零,因此式(2-109)变为

$$\int_0^l W_i W_j \mathrm{d}x = 0 \qquad (2\text{-}110)$$

因此,梁横向振动的主振型函数具有正交性。

2.4.3.2　梁横向振动的强迫响应

利用模态叠加原理可以分析梁的强迫振动。为此,假设梁的挠度为

$$w(x,t) = \sum_{n=1}^{\infty} W_n(x) q_n(t) \qquad (2\text{-}111)$$

式中,$q_n(t)$ 是广义坐标,$W_n(x)$ 是满足微分方程的 n 阶主振型。因此方程(2-104)可以表示为

$$EI \frac{\mathrm{d}^4 W_n(x)}{\mathrm{d}x^4} - \omega_n{}^2 \rho A W_n(x) = 0, \quad n = 1,2,3,\cdots \quad (2\text{-}112)$$

将方程(2-112)代入强迫振动方程(2-86),可以得到

$$EI \sum_{n=1}^{\infty} \frac{\mathrm{d}^4 W_n(x)}{\mathrm{d}x^4} q_n(t) + \rho A \sum_{n=1}^{\infty} W_n(x) \frac{\mathrm{d}^2 q_n(t)}{\mathrm{d}t^2} = f(x,t) \quad (2\text{-}113)$$

根据方程(2-112),方程(2-113)可以改写成

$$\sum_{n=1}^{\infty} \omega_n^2 W_n(x) q_n(t) + \sum_{n=1}^{\infty} W_n(x) \frac{\mathrm{d}^2 q_n(t)}{\mathrm{d}t^2} = \frac{1}{\rho A} f(x,t) \quad (2\text{-}114)$$

将方程(2-114)两边同乘以 $W_m(x)$,从 0 到 l 积分,并使用正交条件,可以得到

$$\frac{\mathrm{d}^2 q_n(t)}{\mathrm{d}t^2} + \omega_n{}^2 q_n(t) = \frac{1}{\rho A b} Q_n(t) \quad (2\text{-}115)$$

式中,$Q_n(t)$ 称为相对于 $q_n(t)$ 的广义力,

$$Q_n(t) = \int_0^l f(x,t) W_n(x) \mathrm{d}x \quad (2\text{-}116)$$

常数 b 可以表示为

$$b = \int_0^l W_n^2(x) \mathrm{d}x \quad (2\text{-}117)$$

方程(2-115)基本上可以确定在本质上与无阻尼单自由度系统的运动方程相同。利用杜哈梅积分,方程(2-115)的解可以表示为

$$q_n(t) = A_n \cos \omega_n t + B_n \sin \omega_n t + \frac{1}{\rho A b \omega_n} \int_0^t Q_n(\tau) \sin \omega_n(t - \tau) \mathrm{d}\tau$$

$$(2\text{-}118)$$

公式(2-118)右边的前两项表示梁的自由振动,第三项表示梁的稳态振动。一旦得出 $n = 1,2,\cdots$ 时方程(2-118)的解,则方程的总解可以通过方程(2-111)确定。

第3章 噪声基础理论

　　人们生活在充满声音的环境里,每天的生活、工作都离不开声音。这些声音中有些是人们需要的、想听的,如语言上的相互交谈或是音乐欣赏。但有些声音是人们不需要的、让人感到厌烦的,对正常工作、休息和学习有干扰,对身体健康有危害,这些声音称为"噪声"。

　　噪声也是一种声音,要控制噪声,首先需要搞清噪声的基本性质及其遵循的规律。声音对于我们每个人来讲再熟悉不过了,在日常生活、工作中,无论何时、何地都会有各种各样的声音传入我们的耳内。但是声音究竟是怎样产生与传播的?怎样度量它?它有哪些特性?等等。这些问题,我们应该弄清楚。为此,在讨论噪声测量与噪声控制技术之前,先就有关声音和噪声的一些基础知识做必要的介绍。

3.1　声音的产生、传播和接收

　　什么是声音?声音是由物体振动产生的声波,是通过媒介传播并能被人或动物听觉器官或其他接收器感知的波动现象。也就是说,一个声音系统由声源、媒介、接收器三要素构成。即振动发声的声源、传播声音的媒介和接收声音的接收器,这三个要素是形成声音的充分必要条件。

3.1.1　声音的产生

声音是由物体的振动产生的。例如,当敲鼓时,我们会听到鼓的声音,如果用手触摸鼓面,就会感到鼓在迅速振动;如果用手按住鼓面不让它振动,鼓声立即消失。又如,我们的讲话声来源于喉管内声带的振动,机器声来源于机器部件的振动等。我们把振动发声的物体称为声源。声源可以是固体,也可以是液体或气体,但无论是什么状态的物体,引起的都是机械性振动,即振动位置呈现周期性的变化。简谐振动是最简单的周期振动,其数学表达式为

$$X = A\sin(2\pi ft + \theta) \tag{3-1}$$

式中,A 为振幅(m);f 为频率(Hz);T 为时间(s);$2\pi f$ 为相位(rad);θ 为初相位。

也就是说,一个周期性的机械振动现象可以用振幅、频率和相位来描述。振幅是振动物体离开平衡位置的最大距离,它与振动能量有直接关系;频率表示单位时间内振动的次数,它和声音的音调有直接关系;相位表示某一时刻物体在振动过程中所处的位置。

虽然声音是由物体的振动产生的,但不是所有的声音都能使人听得见。正常人能听到的声音频率范围是 20~20 000 Hz,称为声频,低于 20 Hz 的称为次声,高于 20 000 Hz 的称为超声。超声和次声,人耳是听不见的。

3.1.2　声音的传播

仅有声源,没有介质传播,也不能形成声音。声音的传播介质可以是空气、水、固体。例如,把一个钟表放在抽成真空的玻璃罩内,听不到钟摆的滴答声;如果在罩内通入空气,钟摆的滴答声就清晰可闻了。这说明声音只有在介质内才能传播,这里的介质是空气。除了气体外,液体或固体也能传播声音。

声音在介质中是以波动的形式传播的。击鼓时，鼓面发生振动，当鼓面向外运动时，鼓面附近空气被压缩，空气密度变大；当鼓面向内运动时，鼓面附近的空气膨胀，空气密度减小。鼓面如此往复振动，使得鼓面附近空气一密一疏地随着鼓面的振动而振动。由于空气具有弹性和惯性两种特性，所以邻近空气会带动较远的空气做同样的振动，这样鼓面的振动便会通过空气一密一疏地由近向远扩散开来。

这里应该指出，声音在介质中传播的只是运动形式，而介质本身并不传动，它只在原地振动。声音的传播是物体振动形式的传播，我们把这种振动传播形式叫作波动。因此，有时也把声音称为声波。

声波在气体和液体中传播时，当传声媒质的质点振动方向和声波传播方向相同时，称为纵波（压缩波）。声波在固体中传播时，质点振动方向和声波传播方向可能相同，即纵波，也可能垂直，称为横波（也称切变波）。

声波振动一次传播的距离叫作波长。在纵波中，两个相邻密部或两个相邻疏部之间的距离就是一个波长，如图 3-1 所示。波长用 λ 表示，单位是米。

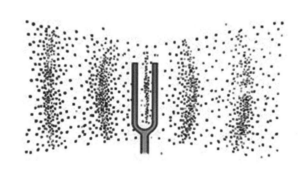

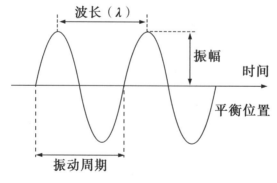

图 3-1　声音在空气中的传播

声波每秒钟传播的距离叫作声速,用 c 表示,单位是 m/s。在标准大气压下,温度为 0 ℃的空气中,声速为 331.4 m/s,温度越高,声速越大。在通常的温度范围内,温度每增加 1 ℃,声速增加 0.607 m/s。在不同的媒质中,声速是不一样的,比如在温度为 20 ℃时,空气中的声速为 344 m/s,水中的声速为 1 450 m/s,钢铁中的声速为 5 000 m/s。这就是为什么我们把耳朵贴在铁轨上能够比较早地听到火车驶来的声音。

在声学中,波长(λ)、频率(f)和声速(c)是三个重要的物理量,它们之间的关系为

$$\lambda = \frac{c}{f} \quad 或 \quad c = f \cdot \lambda \tag{3-2}$$

3.1.3　声音的接收与人耳的机能

自然界里存在着许多声音。在媒质中传播的声波,只有被接收器接收并引起反应才能形成声音。最普通的声音接收器是人耳和传声器(话筒)。耳朵是人体感受声音的器官,传声器是声学测量系统中的声音传感器。后者我们将在声测量中谈及,这里介绍一下人耳的机能。人耳由外耳、中耳、内耳构成,如图 3-2 所示。从生理功能来看,外耳起集音作用,中耳起传音作用,内耳具有感音功能。从外耳集声、中耳传声至耳蜗基底膜振动及毛细胞纤毛弯曲为物理过程,或称声学过程。

声波是引起听觉的基本因素。平常我们看到的耳朵是外耳,在外耳和中耳之间有一层薄膜,叫作鼓膜。声波由耳道进来,引起鼓膜产生相应的振动,进入中耳,在中耳通过听骨链(锤骨、砧骨、镫骨)的收集和传导,作用于内耳,引起内耳听觉感受器兴奋,从而转换成电冲动(动作电位),通过神经通路传至大脑听觉中枢,我们就听到了声音。

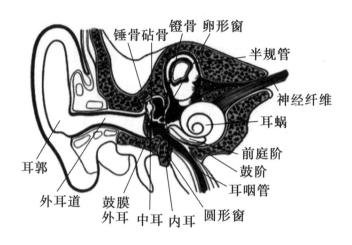

图 3-2　人耳的构造

人耳是非常灵敏的声音接收器,世界上还没有任何一种物理仪器能做到像人耳那样灵敏和精密。在内耳的基底膜表面约分布有 25 000 条主听觉神经末梢。在消声室内,人可以感受到频率为 $1\sim2$ kHz、声压小到 10^{-5} Pa 的声音,也能够经受起声压为 10^3 Pa 的较强的声音,其是极弱声波强度的数百万倍。同时,人耳对声音频率也具有高度的分析和辨别能力,正常人耳可以听到的声音的频率范围有 10 个倍频程($20\sim20\,000$ Hz),强度范围为 10^{12} 倍($10^{-12}\sim$ 1 W/m^2)。人耳不仅是一个极其灵敏的传声器,还可以起到分析器的作用,并且有相当大的选择本领。人耳可在一些较强的噪声干扰下,分辨出某些特殊频率的声音,还能判别声音响度、音调和音色,判断声音的方位等。人耳如此灵敏、精密,我们应该注意保护,不让它遭受噪声和其他因素的危害。

3.2　声音的物理量度

声音主要通过强弱和高低两个方面来衡量。声音的强弱指的是声音的大小,高低指的是声音的调子粗细、频率高低。

表示声音强弱的客观物理量度主要有声压、声强和声功率以及它们的"级";表示声音高低的客观量度主要有频率、频程。而噪声频谱则是噪声强弱与高低的结合。

3.2.1 声压与声压级

由前述已知,声音在介质中是以波动方式传播的。例如,在空气中,当没有声波时,空气中的压强即为大气压;当有声波传播时,某处的空气做疏密变化,使压强在原来大气压附近上下变化,相当于在原来大气压强上叠加一个变化的压强。声压就是指媒介中的压强相对于无声波时的压强的改变量,通常用符号 P 表示,单位是牛顿/米^2(N/m^2)或帕(Pa),有时也称微巴(μbar)。它们的换算关系为:1 Pa=1 N/m^2=10 μbar。

声音的声压越大,该声音就越强。而声压的大小是由声源振动的振幅决定的,与声源的振动频率没有关系。声压只有大小,没有方向,同时由于声源是随时间不断变化的,所以通常用一段时间内的有效声压表示。有效声压是瞬时声压的均方根值(RMS),其数学表达式为

$$P = \sqrt{\frac{1}{T}\int_0^T P(t)\mathrm{d}t} \qquad (3\text{-}3)$$

式中,$P(t)$ 为瞬时声压;t 为时间;T 为声波完成一个周期所用的时间。对于正弦波,有效声压等于声压的最大值除以 $\sqrt{2}$。通常提及的声压均指有效声压。

声压是表示声音强弱的物理量,大多数声音接收器(包括人耳和传声器)都是响应于声压的。多大的声压能使人耳感觉到声音呢?

对于正常人耳,当 $f=1\,000$ Hz 纯音的声压为 2×10^{-5} Pa 时,刚刚能听到声音,这叫"听阈声压";而当声压达到 20 Pa 时,会感到震耳欲聋,这叫"痛阈声压"。人们正常说话的声压为 0.02~0.03 Pa,是大气压的 0.2%~0.3%。

人耳的听觉响应范围,即听阈到痛阈之间的声压变化,从 2×10^{-5} Pa 到 20 Pa,相差 100 万倍。用声压表示声音的强弱很不方便。为此,人们通过对

声压的有效值取对数来表示声音的强弱,称为声压级,单位是分贝(dB)。引入"级"来表示声音的强弱,不仅表达方便,同时也符合人耳听觉分辨能力的灵敏度要求。这是因为人耳对声音大小的感觉与声压的绝对值不成正比关系,而是成对数关系。

引入"声压级"表示声音的强弱,需要规定基准值作比较标准。国际上统一规定,把正常人耳刚刚能听到的声压(2×10^{-5} Pa)作为基准声压 P_0,定为 0 dB。

声压级的数学表达式为

$$L_P = 10 \lg \frac{P^2}{P_0^2} = 20 \lg \frac{P}{P_0} \tag{3-4}$$

式中,L_P 为声压级(dB);P 为声压(Pa);P_0 为基准声压,$P_0 = 2 \times 10^{-5}$ Pa。

引入声压级的概念后,原来相差 100 万倍的声压变化范围,就只有 0～120 dB 的变化区间了。由此可以看出,声压值变化 10 倍相当于声压级增加 20 dB;声压值变化 100 倍,相当于声压级增加 40 dB。一个声音比另一个声音的声压大一倍时,声压级增加 6 dB,一般人耳对于声音强弱的分辨能力约为 0.5 dB。

3.2.2 声强、声功率和它们的级

声波作为一种波动形式,具有一定的能量。因此,人们也常用能量大小表示声音的强弱,这就引出了声强和声功率两个物理量。

3.2.2.1 声强和声强级

在垂直于声波传播的方向上,单位时间内通过的单位面积的声能,称为声强,用符号 I 表示,单位是瓦/米²(W/m²)。显然,声强越大,声音越强。正常人耳对 1 000 Hz 纯音的可听声强是 10^{-12} W/m²,称为基准声强。

声强与声压的区别在于,一个表示能量,一个表示压力。但两者之间也有内在联系。在自由声场中,某点的声强与该点的声压平方成正比,即

$$I = \frac{P^2}{\rho c} \quad \text{或} \quad P^2 = I\rho c \tag{3-5}$$

式中，I 为声强（W/m^2）；P 为有效声压（N/m^2）；ρ 为空气密度（kg/m^3）；c 为空气中的声速（m/s）。

与声压一样，声强也可以引入"级"来表示，即声强级，其表达式为

$$L_I = 10\lg \frac{I}{I_0} \tag{3-6}$$

式中，L_I 为声强级（dB）；I 为声强（W/m^2）；I_0 为基准声强，$I_0 = 10^{-12}\ W/m^2$。

可以看出，声压级表达式(3-4)中的对数值所乘的倍数是 20，而声强级表达式(3-6)中的对数值所乘的倍数是 10，这也反映了声强与声压的平方成正比的关系。在普通大气环境下，基准声强（$I_0 = 10^{-12}\ W/m^2$）与基准声压（$P_0 = 2 \times 10^{-5}\ Pa$）大体上一致。因此，某点的声压级分贝数与声强级分贝数也是近似相等的。

3.2.2.2　声功率与声功率级

声强或声压的大小与离开声源的距离有关。我们在机器的近旁，感到机器噪声很大，但离开一定距离后，感觉噪声就小多了，这是由于离开声源较远后，耳朵所接收的声压变小了。但是，作为一个声源，它在单位时间内向外辐射的噪声能量并没有改变。我们把声源在单位时间内辐射的总的声能量叫作声功率，通常用字母 W 表示，单位是瓦（W）。

由定义可知，声功率是反映声源辐射声能本领的物理量。对于确定的声源来说，它的声功率是个恒量。在自由声场中，若声源以球面波向四周辐射，则声源声功率与声强有如下关系：

$$W = I \cdot 4\pi r^2 \tag{3-7}$$

式中，W 为声源辐射的声功率（W）；r 为离开声源的距离（m）；I 为离开声源 r 处的声强（W/m^2）。

声波的传播过程，也是能量的传播过程。与声压和声强一样，声功率也

可用"级"来表示,这就是声功率级,其单位也是分贝。其表达式为

$$L_W = 10\lg \frac{W}{W_0} \qquad (3\text{-}8)$$

式中,L_W 为声功率级(dB);W 为声源的声功率(W);W_0 为基准声功率,$W_0 = 10^{-12}$ W。

3.2.3 分贝、声级的叠加

3.2.3.1 分贝(dB)

上面谈到的声压级、声强级和声功率级,其单位都是分贝。分贝是一个相对单位,没有量纲,它的物理意义是一个量超过另一个量(基准值)的程度。分贝并非声学上的专用单位,在其他专业也有应用。分贝来源于电信工程领域,用两个功率的比值取对数以表示放大器增益、信噪比等,得出的单位是贝尔。为了使用方便,采用贝尔的 $\frac{1}{10}$ 作单位,叫作分贝。值得注意的是,采用分贝作单位,一定要了解其基准值,基准值不同得到的分贝数也不同。在声学中,分贝是计量声音强弱的最常用单位。若知道声压级、声强级、声功率级的分贝数和基准值,就可得到声压、声强、声功率的绝对值。

3.2.3.2 分贝的和与差,声级的叠加

在实际中,常常遇到分贝的求和与作差问题。由于一个场所经常有多个噪声源存在,这样就会涉及分贝的和与差。由于分贝是以对数为刻度表示"级"的单位,所以在运算中不能按一般算法进行加减。但声能可做简单的叠加,即声强和声功率是可以进行代数加减的。例如,两个相互独立的声源,声功率分别为 W_1 和 W_2,则叠加后其总声功率为 $W = W_1 + W_2$,由此得总声功率级为

$$L_W = 10\lg \frac{W}{W_0} = 10\lg \frac{W_1 + W_2}{W_0} \qquad (3\text{-}9)$$

而在求合成声压级时,不能简单地把声压级进行代数相加。比如有两台同样的机器设备,它们单独开动时的声压级均为 100 dB,求这两台机器同时开动时的声压级,则有

$$L_{P1} = L_{P2} = 20\lg \frac{P}{P_0} = 10\lg \left(\frac{P}{P_0}\right)^2 = 100 \text{ dB} \tag{3-10}$$

两个声压级之和为

$$L_P = 10\lg \frac{P_1^2 + P_2^2}{P_0^2} = 10\lg \frac{2P^2}{P_0^2} = 10\lg 2 + 20\lg \frac{P}{P_0} = 103 \text{ dB} \tag{3-11}$$

同理,可计算几个相同声压级的叠加。

若求两个不同的声压级分贝的和,运算要复杂一些。由声压级的定义,有

$$L_1 = 10\lg \frac{P_1^2}{P_0^2}, \quad 即 \frac{P_1^2}{P_0^2} = 10^{\frac{L_1}{10}} \tag{3-12}$$

$$L_2 = 10\lg \frac{P_2^2}{P_0^2}, \quad 即 \frac{P_2^2}{P_0^2} = 10^{\frac{L_2}{10}} \tag{3-13}$$

$$\begin{aligned} L_P &= 10\lg \frac{P_1^2 + P_2^2}{P_0^2} = 10\lg (10^{\frac{L_1}{10}} + 10^{\frac{L_2}{10}}) \\ &= 10\lg \left[10^{\frac{L_1}{10}} (1 + 10^{\frac{L_2 - L_1}{10}})\right] \\ &= L_1 + 10\lg (1 + 10^{\frac{-\Delta}{10}}) \end{aligned} \tag{3-14}$$

式中,$\Delta = L_1 - L_2$ 是两个声压级的差值,一般取 $L_1 > L_2$,Δ 为正值。

所以,两个不同声压级合成后的总声压级应是两个噪声的声压级中较大的值再加上一个附加值。为方便起见,通常由声压级叠加分贝的附加值图(见图 3-3)来计算,由图可以看出,当声压级相同时,叠加后声压级增加 3 dB;当声压级相差 15 dB 时,叠加后的总声压级仅增加 0.1 dB。因此,两个声压级叠加时,若两者相差 15 dB 以上,对总声压级的影响可以忽略。

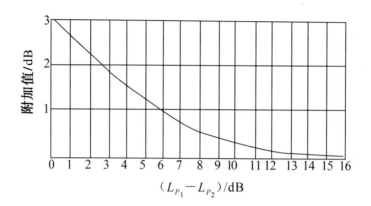

图 3-3 声压级叠加分贝的附加值图

如果有 n 个不同的噪声级求和,总声压级为

$$L_P = 10\lg\left(\sum_{i=1}^{n} 10^{\frac{L_i}{10}}\right) \tag{3-15}$$

式中,L_P 是 n 个不同的噪声源叠加后的总声压级(dB);L_i 是第 i 个噪声源的声压级(dB)。

3.2.4 频率、频程和频谱

声音的频率是表示声源振动快慢的物理量。在人耳可听到的声频范围内,频率越高,音调就越高,声音听起来尖锐;频率低的声音,音调就低,声音听起来低沉。

在噪声控制中,常把噪声在 500 Hz 以下的称为低频噪声,500~2 000 Hz 的称为中频噪声,2 000 Hz 以上的称为高频噪声。但事实上几乎所有发声体的振动都是比较复杂的。日常中接触到的各种声音,大都是由许多不同频率、不同强度的纯音合成的。为了控制噪声,分析和了解各个声音的频率成分很有必要,但简单地将声频范围(20~2 000 Hz)分为高、中、低三档是不够的。为了方便起见,人们把宽广的声频范围划分为若干个小的频段,这就是频带或频程。频程有上、下限频率值和中心频率,上、下限频率之差称为带宽。在噪声控制中,最常用的是倍频程和 1/3 倍频程。

倍频程的每个频带的上限频率与下限频率之比为 2∶1。音乐中的一组八度音就是一个倍频程。倍频程常用它的几何中心频率来表示,中心频率与上、下限频率之间的关系为

$$f_{中}=\sqrt{f_{上}\cdot f_{下}}=\frac{\sqrt{2}}{2}f_{上}=\sqrt{2}\,f_{下} \tag{3-16}$$

一个倍频程的中心频率,代表一个倍频程的频率范围。国际上通用的倍频程中心频率为 31.5、63、125、250、500、1 000、2 000、4 000、8 000、16 000 Hz,这 10 个倍频程已把声频范围包括在内。

把倍频程再分成三等份即为 1/3 倍频程,此时上、下限频率之比为 $2^{\frac{1}{3}}∶1$。表 3-1 列出了 1/1 倍频程、1/3 倍频程的中心频率和频率范围。

以频率(频程)为横坐标,以声音的强弱(声压级、声强级或声功率级)为纵坐标,绘出的声音强弱的分布图,称为频谱图。从频谱图中可以清楚地看出噪声的各个频率成分和相应的强度。

噪声频谱大体可分为三种:线状谱、连续谱和复合谱。由一系列分离频率成分所组成的声音,在频谱图上是一系列线状谱,如图 3-4(a)所示。周期性波形噪声的频谱为线状谱。频率最低的成分称为基音,其他频率较高的成分称为泛音。泛音为基音的整数倍。泛音的多少决定了声音的音色,泛音的数目越多,声音听起来越丰满、越好听。人们之所以对不同的乐器所发出的声音,即使音调相同、强度相同也能区别出来,就是因为泛音数目不同。

工业上的噪声是由许多不协调的基音和泛音组成的,频率、强度、波形都是杂乱无序的,听起来使人心烦。

表 3-1 1/1 倍频程、1/3 倍频程的频率划分

1/1 倍频程 中心频率/Hz	1/1 倍频程 带宽/Hz	1/3 倍频程 中心频率/Hz	1/3 倍频程 带宽/Hz	1/1 倍频程 中心频率/Hz	1/1 倍频程 带宽/Hz	1/3 倍频程 中心频率/Hz	1/3 倍频程 带宽/Hz
16	11.2~22.4	12.5	11.2~14.1	1 000	710~1 400	800	710~900
		16	14.1~17.8			1 000	900~1 120
		20	17.8~22.4			1 250	1 120~1 400
31.5	22.4~45	25	22.4~28	2 000	1 400~2 800	1 600	1 400~1 800
		31.5	28~35.5			2 000	1 800~2 240
		40	35.5~45			2 500	2 240~2 800
63	45~90	50	45~56	4 000	2 800~5 600	3 150	2 800~3 550
		63	56~71			4 000	3 550~4 500
		80	71~90			5 000	4 500~5 600
125	90~180	100	90~112	8 000	5 600~11 200	6 300	5 600~7 100
		125	112~140			8 000	7 100~9 000
		160	140~180			10 000	9 000~11 200
250	180~355	200	180~224	16 000	11 200~22 400	12 500	11 200~14 100
		250	224~280			16 000	14 100~17 800
		315	280~355			20 000	17 800~22 400
500	355~710	400	355~450				
		500	450~560				
		630	560~710				

噪声往往不是单一频率的纯音,而是由很多频率和强度不同的成分杂乱地组合而成。它没有显著突出的频率成分,在这样的频谱中声能连续地分布在宽广的频率范围内,成为一条连续的曲线,称为连续谱,如图 3-4(b)所示。有些声源,如锣、鼓风机等发出的频谱中,既有连续的噪声谱,也有线状谱,这样的频谱称为复合谱,如图 3-4(c)所示。这种噪声听起来具有明显的音调,但总体来说,仍具有噪声的性质,称为有调噪声。

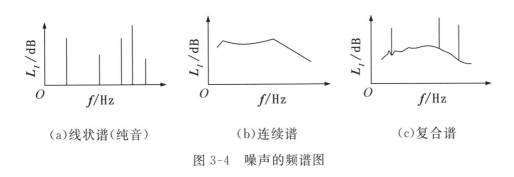

（a）线状谱（纯音）　　　　　（b）连续谱　　　　　（c）复合谱

图 3-4　噪声的频谱图

3.3　噪声的主观量度

一个噪声的大小,最终是由人来判断和感受的。前面谈到的声压、声强和声功率,都是客观的物理量度。人耳接收到客观的声音信号后,还会有主观感觉问题。比如,人听声音,虽说是声压越大,声音越响,但声压与人耳感觉的响度并不是成正比关系,声压加大一倍,声音的响度并不是加倍增加而是听起来刚刚有变化。此外,人耳对声音的感受,不仅与声压有关,而且还与频率有关。不同频率的声音,即使声压相同,听起来往往也是不一样的。因此,根据人耳的听觉特性,还需要引入一些主观量度的量,这里我们主要介绍响度级、响度和计权声级。

3.3.1　响度级

采用声压级来描述声音特性,不能完全反映人耳的听觉特性。根据人耳的听觉特性,仿照声压级的概念,定义了声音响度级这个量,单位是方(phon)。任何声音的响度级,在数值上都等于与此声音同样响的 1 000 Hz 纯音的声压级。例如,某一声音听起来和声压级为 70 dB 的 1 000 Hz 纯音同样响,那么该声音的响度级就是 70 方。

以 1 000 Hz 纯音为基准,通过对比试验,可以得到整个可听范围内的声音的响度级。如果把响度级(方值)相同的点都连接起来,便得到一组曲线,这就是等响曲线,如图 3-5 所示。同一条曲线上表示的声音,虽然它们的声级和频率不同,但听起来响度是一样的。位于最下面的一条曲线是听阈曲线,最上面的是痛阈曲线,这两条曲线之间包括了正常人耳可听的全部声音范围。

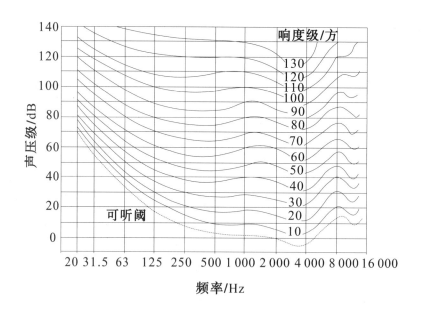

图 3-5　等响曲线

由等响曲线可以看出:(1)在声压级较低时,人耳对频率为 3 000~4 000 Hz 的高频声特别敏感,而对低频声不敏感,对 8 000 Hz 以上的特高频声也不敏感。(2)在声压级较低时,频率越低,声压级的分贝值与响度级的方值差别就越大。(3)在高声压级时,曲线较为平直,这说明声音强度达到一定程度后,声压级相同的各频率声音几乎一样响,与频率的关系不大。

（4）不同响度级的等响曲线之间是不平行的，较低响度的等响曲线弯得厉害些，较高响度的等响曲线变化较小。这是因为在很低的频率时，人耳对低强度的感觉很迟钝；但达到一定强度时，较小的强度变化也将使人感到较大的响度差别。

3.3.2　响度

上述的响度级是相对量，它只表示待研究对象的声音与已知的声音响度相当，而并没有解决一个声音比另一个声音响多少或弱多少的问题，为此引入响度的概念。

响度是人们对声音刺激引起的一个感觉量。某种声音的响度是以该声音与 1 000 Hz 的标准声音的比较来定义的，响度的单位是宋（sone）。频率为 1 000 Hz、声压级为 40 dB 纯音的响度定义为 1 宋。

响度和响度级的换算关系为

$$S=2^{\frac{L_S-40}{10}} \quad 或 \quad L_S=40+10\log_2 S=40+33.3\lg S \tag{3-17}$$

式中，S 为响度（宋）；L_S 为响度级（方）。

用响度表示噪声的大小比较直观，可直接算出声音增加或减少的百分比。例如，噪声源经消声处理后，响度级从 120 方（响度为 256 宋）降低到 90 方（响度为 32 宋），则总响度降低了（256－32）/256＝87%。

噪声大都是多频率的复合声，其总响度的计算采用史蒂文斯（Stevens）法（ISO 标准）。首先测出噪声频带声压级（1/1 倍频程或 1/3 倍频程），然后从图3-6或相应的表中查出各频带的响度指数，再按式（3-18）计算总响度：

$$S_t=S_m+F\Big(\sum_{i=1}^{n}S_i-S_m\Big) \tag{3-18}$$

式中，S_t 为总响度（宋）；S_m 为频带中最大响度指数（宋）；$\sum_{i=1}^{n}S_i$ 为所有频带的响度指数之和（宋）；F 为带宽因子，为一常数。

算出总响度后,根据式(3-17)求出相应的响度级。

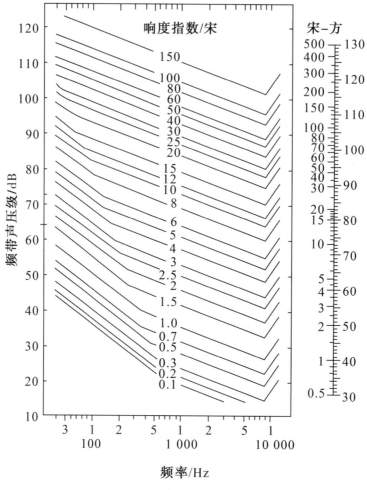

图 3-6　等响度指数曲线

3.3.3　计权声级

声音的大小是要根据人的听觉来评价的,而采用响度及响度级来反映人对声音的感觉又过于复杂。为了简便,人们便寻求用一条响度曲线表示的方法,即在声学仪器中,模拟人的听觉特性设置一些计权网络,对所接收的声音给予不同程度的衰减或增强,以便能够直接读出反映人耳对噪声感觉的数值。这种通过计权网络读出的声级叫作计权声级。现在已有 A、B、C、D、E、

SI 等多种计权网络,最常用的是 A 计权和 C 计权,B 计权已逐渐被淘汰,D 计
权主要用于测量航空噪声。图 3-7 给出的是 A、B、C、D 计权网络的频率特性
曲线。

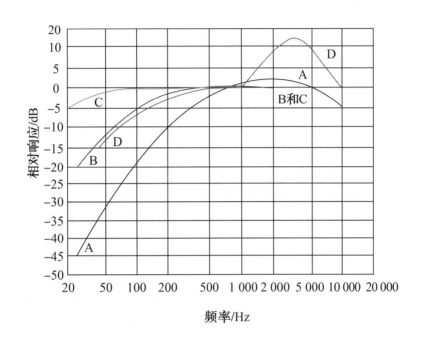

图 3-7　A、B、C、D 计权网络的频率特性曲线

A 计权是仿效 40 方等响曲线反转加权的,当声音信号通过 A 计权网络
时,对低频声(500 Hz 以下)给予较大的衰减,而对高频声则不衰减,甚至稍有
放大。这样计权的结果是,人耳对低频声的灵敏度低,对高频声的灵敏度高。
现在噪声测量中普遍采用 A 计权网络,称为 A 声级,记作 dB(A)。但是,A 声
级并不反映频率信息,即同一 A 声级值的噪声,其频谱差别可能非常大。所以
对于相似频谱的噪声,用 A 声级排次序是完全可以的。但若要比较频谱完全不
同的噪声,那就要注意 A 声级的局限性。实践证明,A 声级基本上与人耳对声
音的感觉相一致。此外,A 声级同人耳听力的损伤程度也能很好地对应。

C 计权是模拟人耳对等响曲线 100 方声音的响应,有近乎平直的响应。
C 计权声级(也称 C 声级)可近似代表总声压级,记作 dB(C)。C 声级在高声
压级范围接近人耳的听觉特性,并且与 A 声级一起对照,可以判别出噪声的

频谱特性。当 A 声级比 C 声级小得多时,噪声呈低频;若 A 声级与 C 声级接近,噪声呈高频;如果 A 声级比 C 声级还略高 1～2 dB,则说明噪声在 2 000～5 000 Hz 范围内必定有峰值出现。B 网络是模拟人耳对 70 方纯音的响应,它近似于响度级为 70 方的等响曲线的倒置曲线,它对低频段的声音有一定的衰减。D 计权网络对高频声音做了补偿,主要用于航空噪声的评价。上述经各种计权网络测得的声压级,即为相应的声级。

上面介绍了噪声主观量度中的响度、响度级、计权声级,至于在噪声测定和评价中的其他有关量,将在噪声评价量和评价标准中叙述。

3.4 噪声的传播特性

在噪声测量和噪声控制的研究中,了解噪声源和声场的特性,噪声传播的规律,声波的衰减、反射、折射、衍射和干涉,声音的掩蔽效应等是很重要的。

3.4.1 声场

在声学中,传播声波的空间称为声场。声场的情况对噪声测量、评价及噪声控制的影响非常大。声场大体上可分为自由声场、扩散声场和半自由声场三种类型。

3.4.1.1 自由声场

自由声场是可以忽略边界影响、各向同性均匀介质中的声场。在自由声场中,声波在任何方向传播都没有反射,空间各点接收的声音只有来自声源的直达声,完全没有反射声。实际上,没有反射声是不可能的,只能做到让反射声足够小,与直达声相比可忽略,得到一个近似的自由声场。

在声学研究中,为了消除反射声和外来环境噪声的干扰,专门建造一种自由声场的环境,即消声室。消声室的四壁、顶棚和地板六个壁面都贴上吸声尖劈。当声波由空气传到消声室各壁面上时,会在界面处出现声阻抗率的渐变过程,从而达到不产生声反射的目的。消声室是声学研究中的特殊实验室,可以用来进行各种声学测量和实验,如检验各种机器产品的噪声指标,测量声源的指向性、声功率以及测量、校准一些电声产品等。

3.4.1.2　扩散声场

与自由声场相反的是扩散声场,声波在扩散声场里接近全反射状态。在一个普通房间内,人听到的声音除了来自声源的直达声外,还有来自室内各表面的反射声。如果室内各表面非常光滑,声波传到壁面上会完全反射回来。若声波在室内经过多次反射,各处的声压几乎相同,声能密度也处处均匀,那么这样的声场就叫作扩散声场(亦叫"混响声场")。在声学研究中,可以专门建造具有扩散声场性能的房间,即混响室。混响室的壁面多用瓷砖或水泥磨光上磁漆制成,地面多用水磨石上蜡,一般各频率的吸声系数均在0.02以下。为了改善扩散条件,混响室在体积上和长、宽、高比例上要满足一定的要求,或加装扩散体。评价混响室性能的主要指标是扩散性能和混响时间。一般来说,扩散性能越好、混响时间越长,混响室性能就越好。混响室也是声学测定中常用的实验室,可用来测定各种材料的吸声系数,测试声源声功率和进行不同混响时间下语言清晰度实验等。

3.4.1.3　半自由声场

在实际工作中,遇到的最多的情况,既不是完全的自由声场,也不是纯粹的混响声场,而是介于二者之间的声场,这种声场称为半自由声场(或称半扩散声场)。视具体房间结构,壁面及地板、天花板的吸收性能不同,半自由声场的情况也不尽相同,有的靠近自由声场,有的吸声较差接近扩散声场。在进行噪声测定时,了解具体测量环境的声场状况很有必要。

3.4.2 噪声在传播中的衰减

声波在实际媒质中传播时,不仅存在声波扩散所引起的衰减,还存在媒质对声波的吸收和媒质中粒子对声波的散射所引起的衰减。

3.4.2.1 声波的扩散衰减

在没有反射面的自由声场中,声波是从声源向外扩散,波前的面积随着传播距离的增加而不断扩大,声能分散,通过单位面积的声能相应减小,使声强随着与声源距离的增加而衰减,这种衰减称为扩散衰减。声源的类型不同,所发出的声波的波阵面形状也不同,随着距离的增加其扩散衰减的规律亦不同。

根据声源的形状和大小,可将声源分为三类,即点声源、线声源和面声源,如图 3-8 所示。

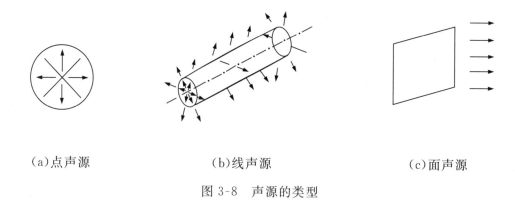

(a)点声源　　　　　　　　(b)线声源　　　　　　　　(c)面声源

图 3-8　声源的类型

(1)点声源的扩散衰减

如果声源尺寸相对于声波波长或传播距离而言比较小,则该声源可视为点声源。在距离充分远的位置上存在的声源,即使是相当大的声源也可作为点声源处理。点声源辐射的声波以声源为中心,按球面波的方式向四面八方扩散。

在自由声场中,若点声源的声功率为 W,在距离点声源 r_1 和 r_2 处的声强

分别为 I_1 及 I_2,则

$$I_1 = \frac{W}{4\pi r_1^2}, \quad I_2 = \frac{W}{4\pi r_2^2} \tag{3-19}$$

式(3-19)说明,点声源的声强衰减与声源距离的平方成反比。

若在距声源 r_1 处的声压级为 L_1,则在距声源 r_2 处的声压级 L_2 可由式(3-20)计算:

$$L_2 = L_1 - 20\lg \frac{r_2}{r_1} \tag{3-20}$$

由式(3-20)可知,若离开声源的距离增加一倍,即 $r_2 = 2r_1$,则 $L_2 = L_1 - 20\lg 2 = L_1 - 6$,即点声源在自由声场中传播时,距离增加一倍,声压级衰减 6 dB。

声功率为 W 的点声源在与声源距离为 r 处的自由声场中的声压级 L_P 为

$$L_P = L_W - 20\lg r - 11 \tag{3-21}$$

由式(3-21)可算得自由声场中点声源随距离衰减的声压级。

在半自由声场中,声压级的计算公式为

$$L_P = L_W - 20\lg r - 8 \tag{3-22}$$

比在自由声场中的衰减值小 3 dB。

(2)线声源的扩散衰减

线声源发出的声波是柱面波。由一线状或无数互不相干的点声源组成的线状声源,在自由声场条件下,其辐射声能均匀分布于以线源为轴心的圆柱面上,如铁路轨道、车流量很大的交通干线等。根据实际情况,线声源可分为无限长线声源和有限长线声源。

在自由声场条件下,无限长线声源的声波遵循圆柱面发散规律,按声功率级作为线声源评价量,则 r 处的声级 $L(r)$ 为

$$L(r) = L_W - 10\lg \left[\frac{1}{2\pi r} \right] \tag{3-23}$$

式中,L_W 为单位长度线声源的声功率级(dB);r 为线声源至受声点的距离(m)。

在距离无限长线声源 r_1 至 r_2 处的声级衰减值为

$$\Delta L = 10\lg\frac{r_1}{r_2} \tag{3-24}$$

当 $r_2 = 2r_1$ 时，$\Delta L = -3$ dB，即线声源声传播的距离增加一倍，声压级衰减 3 dB。

已知垂直于无限长线声源的距离 r_0 处的声级，则 r 处的声级为

$$L(r) = L(r_0) - 10\lg\frac{r}{r_0} \tag{3-25}$$

式(3-25)中，后一项表示无限长线声源的几何发散衰减（A_{div}），即

$$A_{\text{div}} = 10\lg\frac{r}{r_0} \tag{3-26}$$

若线声源的长度不能看成无限长，设其长度为 l_0 时，单位长度线声源辐射的声功率级为 L_W。在线声源的垂直平分线上，距声源 r 处的声压级为

$$L_P(r) = L_W + 10\lg\left[\frac{1}{r}\arctan\left(\frac{l_0}{2r}\right)\right] - 8 \tag{3-27}$$

当 $r > l_0$ 且 $r_0 > l_0$ 时，式(3-27)可简化为

$$L_P(r) = L_P(r_0) - 20\lg\frac{r}{r_0} \tag{3-28}$$

即在有限长线声源的远场区，有限长线声源可当作点声源处理。

当 $r < \dfrac{l_0}{3}$ 且 $r_0 < \dfrac{l_0}{3}$ 时，式(3-27)可简化为

$$L_P(r) = L_P(r_0) - 10\lg\frac{r}{r_0} \tag{3-29}$$

即在近场区，有限长线声源可当作无限长线声源处理。

（3）面声源的扩散衰减

对于长方形面声源，设两个边长分别为 a、$b(b > a)$，并设离开声源中心的距离为 r，其声压级随距离衰减的情况有以下三种：

①当 $r < \dfrac{a}{\pi}$ 时，几乎不衰减，即在面声源附近，距离变化时声压级并无

变化；

②当 $\dfrac{a}{\pi} < r < \dfrac{b}{\pi}$ 时，则按线声源考虑，即在离开声源稍远的地方，距离每增加一倍，声压级衰减 3 dB；

③当 $r > \dfrac{b}{\pi}$ 时，则可按点声源考虑，即在离开声源足够远的地方，距离每增加一倍，声压级衰减 6 dB。

长方形面声源中心轴线上的衰减情况如图 3-9 所示。图中虚线为实际衰减量。

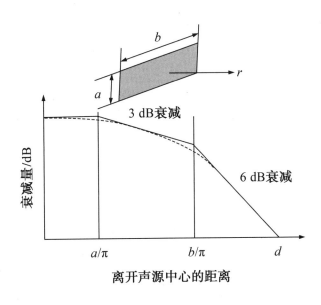

图 3-9　面声源的扩散衰减特性

3.4.2.2　声波的吸收衰减

（1）空气吸收引起的衰减

声波在大气中传播时，一方面，由于空气的黏滞性和热传导性，在压缩与膨胀过程中，一部分声能因转化为热能而损耗，造成所谓经典的吸收衰减；另一方面，由于声波传播时分子的弛豫吸收存在，造成更重要的吸收衰减。造成空气分子弛豫吸收的原因是空气分子转动或振动时有自己的固有频率，当声波的频率接近这些固有频率时,会发生能量转换。而能量交换过程都有滞后现象,即所谓弛豫现象,它将导致声速改变,声能则被吸收。

声波的吸收衰减大小与声波的频率和空气的压力、温度、湿度有关。表3-2给出了空气吸收引起的标准大气压下每离开声源100 m的声音衰减量。由表3-2可以看出,高频噪声比低频噪声衰减得快。这是因为高频声波振动快,空气媒质作疏密变化的次数频繁,故声能被媒质消耗得也就大。由此可知高频噪声是传不远的。从远处传来的强噪声,如飞机声、炮声都比较低沉,而只有靠近这些声源时,尖叫刺耳的高频噪声才能被听见。

表3-2　空气吸收引起的声音衰减　　　　单位:dB/100 m

频率/Hz	温度/℃	相对湿度/%			
		30	50	70	90
500	0	0.28	0.19	0.17	0.16
	10	0.22	0.18	0.16	0.15
	20	0.21	0.18	0.16	0.14
1 000	0	0.96	0.55	0.42	0.38
	10	0.59	0.45	0.40	0.36
	20	0.51	0.42	0.38	0.34
2 000	0	3.23	1.89	1.32	1.03
	10	1.96	1.17	0.97	0.89
	20	1.29	1.04	0.92	0.84
4 000	0	7.70	6.34	4.45	3.43
	10	6.58	3.85	2.76	2.28
	20	4.12	2.65	2.31	2.14
8 000	0	10.54	11.34	8.90	6.84
	10	12.71	7.73	5.47	4.30
	20	8.27	4.67	3.97	3.63

(2)地面吸收引起的衰减

当声波沿地面传播较长距离时,地面的声阻抗会对声波的传播产生较大影响。一方面,各种地面条件,如宽阔的公路路面、大片的草地、森林、起伏的丘陵、河谷等对声波的传播有不同的影响;另一方面,声源和接收的高度不同,影响也不同。

当地面为非刚性表面时,会对声波的传播有附加的衰减,但一般在较近的距离内,如 30~50 m,这个衰减可以忽略;在 70 m 以上时,可以考虑以单位距离衰减的分贝数来表示。声波在厚的草原上面或穿过灌木丛传播时,在频率为 1 000 Hz 时衰减较大,可高达 25 dB/100 m,并且频率每增加一倍,每 100 m 的衰减大约增加 5dB。实验表明,声波穿过树林或森林时,不同树林的衰减相差很大。频率为 1 000 Hz 时,声波穿过浓密的常绿树树冠时有 23 dB/100 m 的附加衰减,穿过地面上稀疏的树干时只有 3 dB/100 m 甚至更小的附加衰减。树干对高频率的声波起散射作用;而树叶的周长接近和大于声波波长时,会有较大的吸收作用。

绿化带的降噪效果与林带宽度、高度、位置、配置以及树木种类等密切相关。结构良好的林带,有明显的降噪效果。总的来说,即使绿化带不是很宽、衰减声波的作用不明显,也会对人的心理产生重要的作用,能给人以宁静的感觉。

(3)气象条件对声传播的影响

空气中的尘粒、雾、雨、雪等对声波的散射会引起声能的衰减,但这种因素引起的衰减量很小,大约每 100 m 衰减不到 0.5 dB,因此可以忽略不计。

当空气中的温度不均匀时,空气密度也会不均匀。温度高的地方,空气密度小,为波疏媒质;温度低的地方,空气密度大,为波密媒质。声音经过不同密度的媒质时,在传播过程中会发生偏折。按几何声学的原理,声音从波疏媒质向波密媒质传播时,声线将向法线靠近;从波密媒质向波疏媒质传播时,声线将离开法线。图 3-10 表示由温度梯度引起的声波的折射。

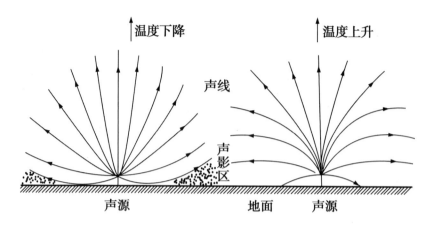

图 3-10　温度梯度对声波的折射

声波的折射也可以用声音传播的速度来解释,声音在波疏媒质中的传播速度要大于在波密媒质中的传播速度。当有风时,声速应叠加上风速,而由于地面对运动空气的摩擦,靠近地面的风会有一个风速梯度。在顺风向,上层的声速大于下层;在逆风向,上层的声速小于下层(见图 3-11)。因此在逆风一侧,会形成声影区。

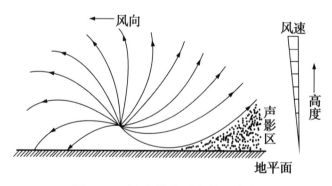

图 3-11　风速梯度对声波的折射

3.4.2.3　管道噪声的自然衰减

在管道中传播的声波与在自由声场中传播的声波的主要区别为,声波被约束在管道内部,传播过程中声波没有扩散,因此,声波会传播很远的距离。如果波长比管径大得多,即使管道是弯曲的,声波照样可以沿管道继续传播。例如,通风系统中风机噪声会沿风道传播到各处。但是管道系统是由直管、弯头、三通及变径节等元件组成的,当气流噪声通过这些元件时,会存在不同程度的衰减,有的声能转化为热能,有的声能被反射回声源处。下面简述一下各元件噪声的衰减量计算。值得指出的是,这些衰减计算值,在没有气流或气流较低时与实测值相近。随着气流速度的增加,不但其衰减值减小,而且气流再生噪声增加,所以,要根据气流速度的大小,合理估算自然衰减量。

(1)直线管道

直线管道的噪声衰减量可用下式估算:

$$\Delta L = 1.1 \frac{\alpha}{R_n} \cdot l \tag{3-30}$$

式中,ΔL 为噪声衰减量(dB);α 为管道内壁吸声系数;l 为管道长度(m);R_n 为管道横截面积与周长之比(m)。

管壁材料的平均吸声系数,对于石棉水泥管和矿渣混凝土约为 0.07,对于砖风道为 0.042,对于钢丝网粉刷为 0.033,对于砖为 0.025,对于平滑混凝土为 0.015,对于钢板为 0.027。

(2)弯头

气流噪声通过弯头时,也同样会产生衰减(低速风流),但弯头结构形状不同,其衰减量也不同。不加衬里的直角弯头的衰减量见表 3-3。

表 3-3　不加衬里的直角弯头的衰减量　　　　　　单位:dB

D/λ	0.1	0.2	0.3	0.4	0.5	0.6	0.8	1.0	1.5	2	3	4	5	6	8	10
无规则入射	0	0.5	3.5	6.5	7.5	8.0	7.5	6.0	4	3	3	3	3	3	3	3
平面波入射	0	0.5	3.5	6.5	7.5	8.0	8.5	8.0	8	7	8	10	11	12	14	15

注:D 为管道直径,λ 为波长。

(3)三通

气流噪声通过三通的衰减量可由下式估算:

$$\Delta L = 10 \lg \frac{(1+m_0)^2}{4m_1} \tag{3-31}$$

式中，ΔL 为气流通过三通的噪声衰减量(dB)；

$$m_0 = \frac{S_1 + S_2}{S}; \qquad m_1 = \frac{S_1}{S} \text{ 或 } m_1 = \frac{S_2}{S} \tag{3-32}$$

S_1、S_2 为三通中两个分支管的面积(m^2)；S 为三通中汇合口的截面积(m^2)。

为计算方便，按式(3-32)制成的列线图如图 3-12 所示。

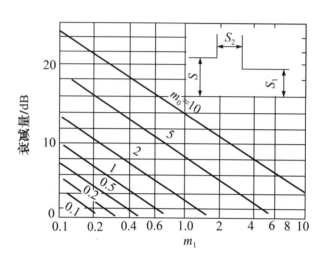

图 3-12　气流噪声通过三通的衰减量

(4)变径节

管道截面的突变(扩大或缩小)，可导致噪声衰减，衰减量按下式估算：

$$\Delta L = 10\lg \frac{(1+m)^2}{4m} \tag{3-33}$$

式中，ΔL 为通过变径节噪声的衰减量(dB)；

$$m = \frac{S_1}{S_2} \tag{3-34}$$

为进出气管道截面积之比。

按式(3-34)制成的列线图如图 3-13 所示，供计算时参考。

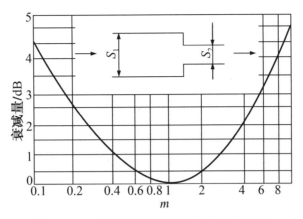

图 3-13　气流噪声通过变径节的衰减量

3.4.3　声波的反射和折射

声波在传播路径上经常会遇上各种各样的障碍物。例如,声波从一种媒质进入另一种媒质时,后者对前一种媒质所传播的声波来说,就是一种障碍物。当声波由第一种媒质传到第二种媒质的界面时,声波的传播方向要发生变化,产生反射和折射现象。这种现象发生在两种媒质的分界面上。如果是同一种媒质,由于媒质本身特性的变化(如温度的变化等)也会改变声波的传播方向,因此一般只存在折射而不存在反射。图 3-14 表示不同媒质分界面上声波的反射和折射。

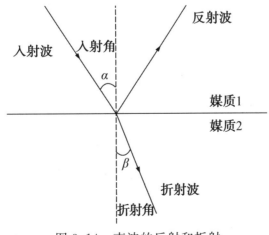

图 3-14　声波的反射和折射

我们用声线的概念来描述声波的反射和折射现象。原来向界面传播的波叫作入射波,一部分在界面上被反射回第一种媒质的波叫作反射波,另一部分透入第二种媒质继续向前传播的波叫作折射波。声波的反射定律的基本内容如下:入射光线、反射光线和反射面的法线在同一平面内,入射光线和反射光线分别位于法线的两侧,反射角等于入射角。与之类似,折射定律的基本内容如下:折射光线位于入射面内,折射光线和入射光线分居法线两侧,并且不论入射角大小如何,入射角 α 的正弦与折射角 β 的正弦的比都等于声波在第一种媒质中的声速 c_1 与在第二种媒质中的声速 c_2 之比。可用公式表示为

$$\frac{\sin \alpha}{\sin \beta} = \frac{c_1}{c_2} = n_{21} \tag{3-35}$$

式中, c_1、c_2 分别为第一、第二种媒质中的声速; n_{21} 为第二种媒质对第一种媒质的相对折射率。

由式(3-35)可知,当 $c_1 > c_2$ 时, $\beta < \alpha$,即声波从声速大的媒质折入声速小的媒质中时,折射光线折向法线;当 $c_1 < c_2$ 时, $\beta > \alpha$,折射光线折离法线。这说明,声波从一种媒质进入另一种媒质时声线发生折射是由于两种媒质的声速不同。即使在同一种媒质中,由于各处声速不同,也就是存在声速梯度时,也同样会发生折射现象。声线总是由声速大的一侧向声速小的一侧弯曲折射。

3.4.4 声波的干涉和衍射

由几个声源发出的声波,可以同时在一种媒质中传播,当这些声波在空间某点相遇后,每一个声波仍保持各自的特性(频率、波长和传播方向等),就像在各自的传播路径上并没有相遇一样。例如,几种乐器合奏时或不同的人讲话时,我们都可以分辨出各种乐器或各种人的声音。这表明声波的传播具有各自的独立特征。这样,在几个声波相遇的地方,媒质质点的振动是各个声波分别在该点所引起的分振动的合成,我们把声波传播的这种独立相加性称为声波的叠加原理。

3.4.4.1　声波的干涉

振动频率、相位等都不同的几个声波在某一点叠加时是很复杂的。一般地，两个频率相同、振动方向相同、相位角或相位差恒定的声源所发出的声波在空间某点相遇时，两个声波叠加，叠加后在空间某些点振动始终加强，而在另一些点振动始终减弱或完全抵消，这种现象称为波的干涉现象。能发生干涉现象的两个声波称为相干波，相应的波源称为相干波源。另外，如果两个频率不同、振动方向和相位角具有随机性（时而相同，时而不同）的声源所发出的声波在空间某点相遇，两个声波叠加，叠加后在空间某些点振动时而加强，时而减弱，其平均结果与相互间没有作用时的情况一样，这种声波称为不相干波。我们研究的噪声一般都是不相干波。不相干波的叠加应该按照能量叠加法则进行。

3.4.4.2　声波的散射和衍射

声波在传播过程中，若遇到的障碍物表面较粗糙或者障碍物的大小与波长差不多，则当声波入射时，就会产生各个方向的反射，这种现象称为散射。散射情况较复杂，而且频率稍有变化，散射波图就有较大的改变。声波在传播路径上遇到障碍物时，其中部分声波能够绕过障碍物的边缘前进，这种现象称为声衍射或绕射。声衍射现象同障碍物的线度尺寸和声波波长（频率）有关。例如，当声波通过截面尺寸远小于波长的障碍物时，好像障碍物不存在那样，声波绕过它继续传播，如图 3-15（a）所示。如果声波的波长比障碍物的尺寸小得多，声波将被反射，而在障碍物后面形成声影区，如图 3-15（b）所示。衍射的结果使得墙遮蔽低频（长波长）声波的作用减小，但对高频（短波长）声波来说还是有效的屏障。

由于声波具有衍射本领，所以室内开窗时能听到室外各个方向的声音，而当墙壁存在缝隙和孔洞时，隔声能力显著下降，这是进行隔声设计时必须避免的。

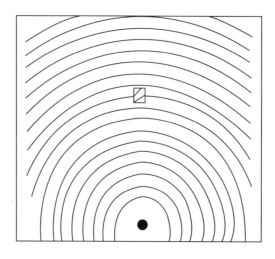

（a）通过小孔的声波的衍射

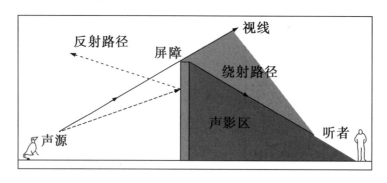

（b）越过声屏障的声衍射

图 3-15　声波的衍射

3.4.5　声音的掩蔽效应

　　人们在安静环境中听一个声音时,可以听得很清楚,即使这个声音的声压级很低时也可以听见,说明人耳对这个声音的听阈很低。但是如果在听一个声音的时候,存在另一个声音(称掩蔽声),就会影响到人耳对所听声音的听闻效果,这时对所听声音的听阈就要提高。人耳对一个声音的听觉灵敏度因为另一个声音的存在而降低的现象叫掩蔽效应,听阈所提高的分贝数叫作掩蔽量,提高后的听阈叫作掩蔽阈。因此,一个声音能被听到的条件是这个声音的声压级不仅要超过听者的听阈,还要超过其所在背景噪声下的掩蔽阈。一个声音被另一个声音掩蔽的程度即掩蔽量,取决于两个声音的频谱、两者的声压级差和两者达到听者耳朵的时间和相位。

通常来说,被掩蔽纯音的频率接近掩蔽音时,掩蔽量大;掩蔽音的声压级越高,掩蔽量越大,掩蔽的频率范围越宽;掩蔽音对比其频率低的纯音掩蔽作用小,而对比其频率高的纯音掩蔽作用强。另外,窄带噪声的掩蔽作用大于同样强度、同样频率的纯音的掩蔽作用。宽带噪声的掩蔽效果比窄带更好。

3.4.6　声源的指向特性

声源在不同的方向具有不同的声辐射本领,我们把声源的这种性质称为声源的指向特性。也就是说,声源在某一方向比在其他方向能够辐射更多的声能。比如,说话人面前的声压,若为高频(短波长)声,则约 10 倍于相反方向的声压;若为低频(长波长)声,就能较均匀地向各方向辐射。声源本身的尺寸越大,频率越高,所发出的声波的方向性就越强。一般地,与声波波长相比尺寸很小的声源,可近似为无指向性声源,如点声源;与声波波长相比尺寸很大的声源,可看作具有指向特性的声源,如无限大的平板声源。

3.4.7　多普勒效应

音调的高低取决于声源的振动频率。在静止、均匀的媒质中,如无风的空气中,如果声源与观察者(接收器)都不动,则接收到的声音频率与声源频率相等,也就是听到的声音与声源的音调没有区别。但如果声源和观察者之间有相对运动,则观察者测得的声源频率将发生改变,两者靠近时频率增高,远离时频率降低,这种现象称为多普勒效应。

当一频率为 f 的声源以速度 v 接近观察者时,在单一周期 $T(1/f)$ 内声

波传播的距离为cT,但实际上声波传播一个周期后信号与观察者的距离近了vT。因此,最终波长即波峰间的距离,减少为

$$\lambda = cT - vT = \frac{c-v}{f} \qquad (3-36)$$

观察者最终接收到的频率(f_d)已不是声源的输出频率,而是高于声源的输出频率,这是因为波长缩短了,即

$$f_d = \frac{c}{\lambda} = \frac{fc}{c-v} = \frac{f}{1-v/c} \qquad (3-37)$$

综上可知:一方面,当声源以速度v接近观察者时,观察者接收到的频率会高于声源的原频率,为声源频率除以小于1的因子$(1-v/c)$;另一方面,当声源远离观察者时,观察者接收到的频率会低于声源的原频率,因为在式(3-37)中速度v为一负值。

第4章　辐射基础理论

4.1　光辐射的基本概念

以电磁波形式或粒子(光子)形式传播的能量,可以用光学元件反射、成像或色散,这种能量及其传播过程称为光辐射。一般按辐射波长及人眼的生理视觉效应将光辐射分成三部分:紫外辐射、可见光辐射和红外辐射。一般在可见到紫外波段波长的单位用纳米(nm)表示,在红外波段波长的单位用毫米(mm)表示。光辐射的具体类型和所属波长如图 4-1 所示。

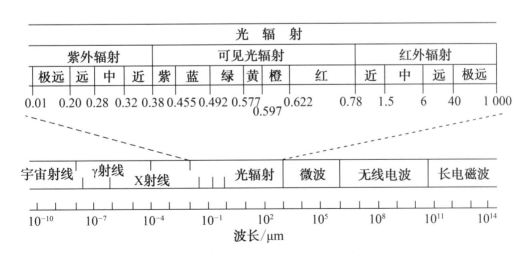

图 4-1　光辐射的具体类型和所属波长

其中,光学谱区为 0.01~1 000 μm,可见光区为 0.38~0.78 μm,红外区为

$0.78\sim1\ 000\ \mu m$,紫外区为 $0.01\sim0.38\ \mu m$。光电技术中常用的光波波段有远近紫外波段、远近红外波段、远红外波段、可见光波段和中红外波段。

4.1.1 光的波粒二象性

20 世纪初,普朗克提出了光辐射的量子理论。1905 年,爱因斯坦发表了题为《关于光的产生和转化的一个推测性观点》的论文。他认为,对于时间的平均值,光表现为波动;而对于时间的瞬时值,光表现为粒子性。光的波粒二象性在 20 世纪初得到了科学家们的公认。

4.1.1.1 光的波动性

光子能够表现出经典电磁波的干扰、折射和衍射等性质。描述光子波动特性的物理量是频率和波长。光子具有波动性表现为它在空间运动轨迹上的不确定性,即在考察每个光子的运动时,光子没有确定的轨迹,但是在考察光子束的全部光子的运动时,光子的运动就表现出与经典电磁波动理论计算结果一致的规律性。

4.1.1.2 光的粒子性

光子的粒子性表现为它和物质相互作用时不像经典电磁波那样可以传递任意值的能量,其只能传递量子化的能量。描述光子粒子性特征的物理量是能量(E)和动量(P)。光是以光速运动的粒子(或光子)流,每一个光子的能量为

$$E=h\nu=\bar{h}w \tag{4-1}$$

式中,h 为普朗克常量;ν 为光的频率;$\bar{h}$ 为约化普朗克常量,$\bar{h}=h/2\pi$;w 为光的角频率。

4.1.1.3　光的电磁理论

电磁波是一种物质,也具有能量。电磁场理论认为,光是一定频率范围内的电磁波,而电磁波就是变化的电磁场在空间中的传播形成的。变化的电场会产生磁场,变化的磁场会产生电场,变化的磁场和变化的电场构成了一个不可分离的统一场,这就是电磁场。电磁波的传播方向垂直于由电场和磁场组成的平面,有效地传递动量和能量等。电磁波谱的划分、产生方式和用途见表4-1。

表 4-1　电磁波谱的划分、产生方式和用途

电磁波谱	真空中的波长	频率/MHz	主要产生方式	本质	用途
无线电波	>1 mm	$<3\times10^5$	由振荡电路所产生的电磁辐射	电子周期性运动	无线电技术
红外线	0.76 μm～1 mm	$3\times10^5\sim4\times10^8$	由炽热物体、气体放电或其他光源激发分子或原子等所产生的电磁辐射	外层电子跃迁	红外线遥感
可见光	0.40～0.76 μm	$4\times10^8\sim7.5\times10^8$	天然光源和人造可见光灯光源	外层电子跃迁	照明、摄影
紫外线	0.03～0.40 μm	$7.5\times10^8\sim10^{10}$	天然光源(太阳)和多种气种的电弧	外层电子跃迁	医用消毒、防伪、照相制版
X 射线	0.1 nm～0.03 μm	$10^{10}\sim3\times10^{12}$	用高速电子流轰击原子中的内层电子而产生的电磁辐射	内层电子跃迁	检查、医用透视
γ 射线	1.0 pm～0.1 nm	$3\times10^{12}\sim3\times10^{14}$	反射性原子衰变所发出的电磁辐射	原子核衰变或裂变	金属探伤、医用治疗

4.1.2　辐射度学和光度学

辐射度学主要研究辐射的物理性质和特征,包括辐射的波长、频率、能量、强度等,主要使用物理和天体学方法进行研究等。光度学主要研究光的物理性质和视觉效果,包括亮度、色度、反射率、折射率等,主要使用光学方法进行研究。

4.2　辐射的基本定律

本章第一节主要对光辐射的波长、频率、能量等,光的波粒二象性以及光的电磁理论进行了介绍,接下来我们将对在辐射学中同样具有十分重要地位的黑体辐射和热辐射进行研究,以便于我们更好地理解物质的热学性质、改进能源利用方式、提高光学和光电学领域应用技术的精度和可靠性等。

物体因温度而辐射能量的现象叫作热辐射。热辐射是自然界中普遍存在的现象,一切物体,只要其温度高于绝对零度($-273.15\ ℃$),都将产生辐射。

为了研究不依赖于物质具体物性的热辐射规律,物理学家们定义了一种理想物体——黑体,以此作为热辐射的标准物体。黑体(或称绝对黑体)是一个能完全吸收入射在它上面的辐射能的理想物体。黑体模型如图 4-2 所示。

图 4-2　黑体模型

4.2.1　基尔霍夫定律

当辐射能入射到物体表面时，一部分能量被物体吸收，一部分能量从物体表面反射，一部分能量会透过物体。

1859 年，基尔霍夫指出：物体的辐射出射度（M）和吸收本领（a）的比值 M/a 与物体的性质无关，都等于同一温度下绝对黑体（$a=1$）的辐射出射度（M_0）。这就是基尔霍夫定律，用公式表示为

$$\frac{M_1}{a_1}=\frac{M_2}{a_2}=\cdots=M_0=f(T) \tag{4-2}$$

基尔霍夫定律不但对所有波长的全辐射成立，而且对任意波长的任何单色辐射都是成立的。

基尔霍夫定律是一切物体热辐射的普遍定律。吸收本领大的物体，其发射本领也大，如果物体不能发射某波长的辐射，则也不能吸收该波长的辐射。为了描述非黑体的辐射，引入辐射发射率或比辐射率（ε_λ）：

$$\varepsilon_\lambda(T)=\frac{M_\lambda(T)}{M_{0\lambda}(T)} \tag{4-3}$$

辐射发射率或比辐射率（ε_λ）是波长（λ）、温度（T）和物体表面性质的函数。根据地面物体辐射发射率的差别及对环境辐射的反射率的差别，遥感系统能把道路、河流等地形区分开来，这就是卫星红外遥感原理。一些常用材料及地面覆盖物的辐射发射率见表 4-2。

表 4-2　常见材料和地面覆盖物的辐射发射率

材料	温度/℃	ε_λ
毛面铝	26	0.55
氧化的铁面	125～525	0.78～0.82
磨光的钢板	940～1 100	0.55～0.61

续表

材料	温度/℃	ε_λ
铁锈	500～1 200	0.85～0.95
无光泽黄铜板	50～350	0.22
非常纯的水银	0～100	0.09～0.12
混凝土	20	0.92
干的土壤	20	0.9
麦地	20	0.93
牧草	20	0.98
平滑的冰	20	0.92
黄土	20	0.85
雪	−10	0.85
人体皮肤	32	0.98
水	0～100	0.95～0.96
毛面红砖	20	0.93
无光黑漆	40～95	0.96～0.98
白色瓷漆	23	0.9
光滑玻璃	22	0.94

根据光谱比辐射率的大小,可以将辐射体分为黑体、选择性辐射体和灰体三类。其中,选择性辐射体是一种能够自主地控制热辐射的材料,可以通过调节其电子结构或制备形态来实现更高效的热辐射调节。与普通的热辐射体不同,选择性辐射体可以选择性地发射或吸收特定波长的热辐射,从而达到更高效的控温效果。灰体是指表面辐射率不随颜色或波长而变化的物体。理论上,灰体的表面辐射率为常数,与温度无关。但在实际中,由于表面

处理的不同以及光学特性等因素的影响,某些灰体的表面辐射率可能会发生变化。在热学和光学研究中,一些物体虽然不完全符合灰体的定义,但由于它们的表面辐射率随着温度的变化非常小,因此被认为是近似灰体。三类辐射体的光谱分布如图 4-3 所示,其中灰体的光谱辐射分布与黑体的光谱辐射分布形状相似,最大值的位置也一致,因此常将热辐射体按灰体或黑体计算。

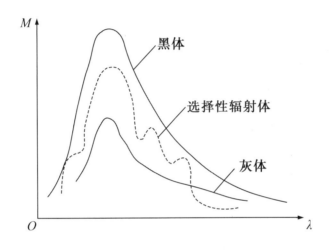

图 4-3　常见的三类辐射体的光谱分布

4.2.2　普朗克辐射定律

1900 年,普朗克提出了一种与经典理论完全不同的学说,建立了与实验完全符合的辐射出射度公式。黑体的光谱辐射出射度与波长(λ)、绝对温度(T)之间的关系如下:

$$M_{eb}(\lambda,T)=\frac{c_1}{\lambda^5(e^{c_2/\lambda T}-1)} \tag{4-4}$$

式中,第一辐射常数 $c_1=2\pi hc^2=3.741\ 8\times10^{-16}$ W・m^2),其中 c 为光速;第二辐射常数 $c_2=hc/k=1.438\ 8\times10^{-2}$ m・K;k 为玻尔兹曼常数。黑体光谱辐射出射度的物理意义是黑体辐射的光谱分布。

4.2.3　维恩位移定律

由普朗克定律 $M_{eb}(\lambda,T)=\dfrac{c_1}{\lambda^5(e^{c_2/\lambda T}-1)}$ 得,峰值波长 λ_m 满足维恩位移定律: $\lambda_m T=b=2\,898\ \mu m \cdot K$。维恩位移定律的物理意义为当黑体的温度升高时,其光谱辐射的峰值波长向短波方向移动。在红外技术中,用维恩位移定律计算出某一温度的峰值波长,以确定红外探测器工作的峰值波长。

4.2.4　斯蒂芬-玻尔兹曼定律

在全波长内对普朗克公式进行积分,可得到黑体辐射出射度与温度之间的关系——斯蒂芬-玻尔兹曼定律,用公式可表示为

$$M_{eb}(T)=\int_0^{+\infty}M_{eb}(\lambda,T)d\lambda=\sigma \cdot T^4 \tag{4-5}$$

其中, $\sigma=5.669\,6\times10^{-8}\ W \cdot m^{-2} \cdot K^{-4}$ 称为斯蒂芬-玻尔兹曼常数。由式(4-5)可见,黑体的全光谱辐射出射度与温度的 4 次方成正比。

4.2.5　最大辐射定律

将峰值波长 λ_m 代入普朗克公式,可得到最大光谱辐射出射度为

$$M_{eb\lambda_m}=BT^5 \tag{4-6}$$

式中, $B=c_1b^{-5}/(e^{c_2/b}-1)=1.286\,2\times10^{-11}\ W \cdot m^{-2} \cdot \mu m^{-1} \cdot K^{-5}$。最大辐射定律的物理意义为黑体最大辐射出射度与温度的 5 次方成正比。表 4-3 列出了黑体辐射光谱分布几个特征波长的能量。

表 4-3　黑体辐射的特征波长

波长	关系式	能量分布
峰值波长	$\lambda_m \cdot T = 2\,898\ \mu m \cdot K$	$0 \sim \lambda_m, 25\%$
		$\lambda_m \sim \infty, 75\%$
半功率(3 dB)波长	$\lambda_1 \cdot T = 1\,728\ \mu m \cdot K$	$0 \sim \lambda_1, 4\%$
		$\lambda_1 \sim \lambda_2, 67\%$
	$\lambda_2 \cdot T = 5\,270\ \mu m \cdot K$	$\lambda_2 \sim \infty, 29\%$
中心波长	$\lambda_3 \cdot T = 4\,110\ \mu m \cdot K$	$0 \sim \lambda_3, 50\%$
		$\lambda_3 \sim \lambda_4, 50\%$

注:表中 λ_1、λ_2、λ_3、λ_4 为规定波段的波长。

4.2.6　辐亮度和基本辐亮度守恒定律

辐射能的传输一般是指辐射能由光源(光源的自发射或者物体表面反射、透射、散射辐射能)经过传输介质而投射到接收系统或探测器上。在辐射能的传输路径上,会遇到传输介质和接收系统的折射、反射、散射、吸收、干涉等,使辐射能在到达接收系统后,在空间分布、波谱分布、偏振程度、相干性等方面发生变化。

基本辐亮度守恒定律可描述为:当辐射能在传输介质中没有损失时,两个表面的辐亮度相等,即辐亮度守恒。如果两个面元在不同介质中,辐射能通量在介质边界上无反射、吸收等损失,则基本辐亮度保持不变。基本辐亮度守恒既可用于解决光辐射能在同一均匀介质中的传输问题,也可用于不同介质中的光辐射能传输的分析描述。

4.3　辐射量与光度量的测量理论

对于光辐射的探测和计量,存在着辐射度学单位和光度学单位两套不同的单位体系。辐射度学量是用能量单位描述光辐射能的客观物理量,适用于整个电磁波段,其基本量是辐射能通量。光度学量描述光辐射能为人眼接受所引起的视觉刺激大小的强度,适用于可见光波段,其基本量是发光强度。

在辐射学中,辐射量与光度量的测量技术在核能应用、医学影像、材料科学等领域均有着重要作用。

4.3.1 辐射量

辐射度学是测量电磁波所传递的能量或与这一能量特征有关的其他物理量的科学技术。辐射度学量表示辐射能的大小,基本量是辐射能通量,单位是瓦特(W)。

辐射度学适用于整个电磁波谱,主要用于 X 光、紫外光、红外光以及其他非可见的电磁辐射。在光辐射测量中,常见的几何量是立体角。任一光源发射的光能量都是辐射在它周围的一定空间内的,所以在进行有关光辐射的讨论和计算时,也将是一个立体空间的问题。与平面角相似,可把整个空间以某一点为中心划分为若干立体角。

以观测点为球心,构造一个单位球面,任意物体投影到该单位球面上的投影面积,即为该物体相对于该观测点的立体角。立体角的数值大小为被立体角所切割的球面面积除以球半径的平方。如图 4-4 所示,在球坐标系中,任意球面的极小面积可用 dA_0 表示,极小立体角(单位球面上的极小面积)可用 $d\Omega$ 表示,其中 θ 和 φ 分别为两个垂直方向上的投影角。所以,立体角是投影面积与球半径平方值的比,对极小立体角做曲面积分即可得立体角。用公式可表示为

$$dA_0 = r d\theta \cdot r \sin\theta \cdot d\varphi$$

$$d\Omega = \frac{dA_0}{r^2} = \sin\theta \cdot d\theta \cdot d\varphi$$

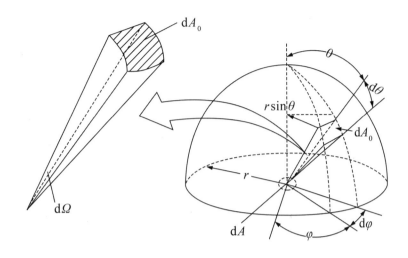

图 4-4　立体角示意图

4.3.1.1　辐射度学中的主要量和单位

（1）辐射能

辐射能是一种以电磁波形式发射、传输或接收的能量，一般用符号 Q_e 表示，单位是焦耳（J）。

（2）辐射能通量

辐射能通量（Φ_e）又称辐射功率，是指单位时间内通过某一定面积发射、传输或接收的辐射能，单位为瓦特（W）。对辐射源来说，辐射功率定义为单位时间内向所有方向发射的能量；对电磁波的传播来说，辐射功率定义为单位时间内通过某一截面的辐射能。计算公式可表示为

$$\Phi_e = \frac{\mathrm{d}Q_e}{\mathrm{d}t} \tag{4-7}$$

（3）辐射强度

辐射源在给定方向上的辐射强度（I_e）是该辐射源在包含给定方向的立体角元 $\mathrm{d}\Omega$ 内传输的辐射能通量与该立体角元之比，即

$$I_e = \frac{\mathrm{d}\Phi_e}{\mathrm{d}\Omega} \tag{4-8}$$

辐射强度的单位符号为瓦/球面度（W/sr）。对于均匀辐射的点光源，其辐射强度为

$$I_e = \frac{\varPhi_e}{4\pi} \tag{4-9}$$

（4）辐射照度

如果某一表面被辐射体辐射，为表示某点 A 处辐射的强弱，在 A 点取微元面积 $\mathrm{d}A$，它所接受的辐射能通量为 $\mathrm{d}\varPhi_e$，则 $\mathrm{d}\varPhi_e$ 与 $\mathrm{d}A$ 之比即为辐射照度（E_e），其单位符号为瓦/米²（W/m²），表达式为

$$E_e = \frac{\mathrm{d}\varPhi_e}{\mathrm{d}A} \tag{4-10}$$

（5）辐射出射度

对于具有一定面积的辐射体，其表面上不同位置的发光强弱可能不一样。为了描述任意一点 A 处的发光强弱，在 A 点周围取一微元面 $\mathrm{d}A$，假设它所发射的辐射能通量为 $\mathrm{d}\varPhi_e$（不管其辐射方向和立体角的大小），则 A 点的辐射出射度（M_e）可表示为

$$M_e = \frac{\mathrm{d}\varPhi_e}{\mathrm{d}A} \tag{4-11}$$

单位符号为瓦/米²（W/m²）。

（6）辐射亮度

辐射出射度（M_e）只能表示面辐射体的部分辐射特性，而不能充分表示出具有一定面积的辐射体的全部辐射特性。辐射亮度（L_e）可以描述辐射表面在不同位置、不同方向上的辐射特性。如图 4-5 所示，一小平面辐射源的面积为 $\mathrm{d}S$，与 $\mathrm{d}S$ 的法线夹角为 θ 的方向上有一微元面 $\mathrm{d}A$，若 $\mathrm{d}A$ 所对应的立体角内 $\mathrm{d}\Omega$ 的辐射能通量为 $\mathrm{d}\varPhi_e$，则该微元面在此方向上的辐射亮度为

$$L_e = \frac{\mathrm{d}\varphi_e}{\cos\theta\,\mathrm{d}S\,\mathrm{d}\Omega} \tag{4-12}$$

单位符号为瓦/（球面度·米²）[W/(sr·m²)]。

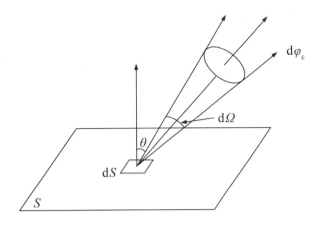

图 4-5　辐射亮度示意图

4.3.1.2　光谱辐射能通量

为了表征辐射,不仅要知道辐射的总通量和强度,还要知道其光谱组分。辐射源所辐射的能量往往由许多不同波长的单色辐射所组成,为了研究各种不同波长的辐射能通量,需要对某一波长的单色光的辐射能量作出相应的定义。光谱辐射能通量是辐射源发出的光在波长 λ 处的单位波长间隔内的辐射量。

辐射能通量(Φ_e)和波长 λ 的关系为

$$\Phi_e(\lambda) = \frac{\mathrm{d}\Phi_e}{\mathrm{d}\lambda} \tag{4-13}$$

示意图如图 4-6 所示。

若按光谱积分该函数,则可求得总的辐射能通量为

$$\Phi_e = \int_0^{+\infty} \Phi_e(\lambda)\,\mathrm{d}\lambda \tag{4-14}$$

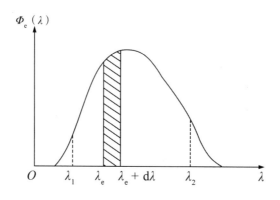

图 4-6 辐射能通量与波长的关系

4.3.1.3 单色辐射度量

单色光辐射均可以采用上述物理量表示。单色辐射度量的定义为单位波长间隔内所对应的辐射度量,其度量名称、定义式、单位名称和单位符号见表 4-4。

表 4-4 单色辐射度量

度量名称	定义式	单位名称	单位符号
单色辐[射能]通量	$\dfrac{\mathrm{d}\Phi_e(\lambda)}{\mathrm{d}\lambda}$	瓦每微米	$W/\mu m$
单色辐[射]强度	$\dfrac{\mathrm{d}I_e(\lambda)}{\mathrm{d}\lambda}$	瓦每球面度微米	$W/(sr \cdot \mu m)$
单色辐[射]照度	$\dfrac{\mathrm{d}E_e(\lambda)}{\mathrm{d}\lambda}$	瓦每平方米微米	$W/(m^2 \cdot \mu m)$
单色辐[射]出[射]度	$\dfrac{\mathrm{d}M_e(\lambda)}{\mathrm{d}\lambda}$	瓦每平方米微米	$W/(m^2 \cdot \mu m)$
单色辐[射]亮度	$\dfrac{\mathrm{d}L_e(\lambda)}{\mathrm{d}\lambda}$	瓦每平方米球面度微米	$W/(m^2 \cdot sr \cdot \mu m)$

4.3.2　光度量

由于照明的效果最终是由人眼来评定的,因此照明光源的特性只用辐射度量来描述是不够的,必须利用基于人眼视觉的光学参数——光度学量来描述。光度学适用于波长在 $0.38\sim0.78~\mu\mathrm{m}$ 范围内的电磁辐射——可见光波段,它使用的参量称为光度学量,是以人的视觉习惯为基础建立的。

光度学的物理量可以用与之相对应的辐射度学的基本物理量来表示,两类计量体系完全一一对应。为避免混淆,在辐射度量符号上加下标"e",而在光度量符号上加下标"v",具体对应关系见表 4-5。

表 4-5　光度量的基本物理量与辐射度量的对应关系

辐射度量	符号	单位名称(符号)	光度量	符号	单位名称(符号)
辐[射]能	Q_{e}	焦耳(J)	光量	Q_{v}	流[明]秒(lm・s)
辐[射能]通量或辐[射]功率	Φ_{e}	瓦(W)	光通量或光功率	Φ_{v}	流[明](lm)
辐[射]照度	E_{e}	瓦每平方米($\mathrm{W/m^2}$)	[光]照度	E_{v}	勒[克斯]($1~\mathrm{lx}=1~\mathrm{lm/m^2}$)
辐[射]出[射]度	M_{e}	瓦每平方米($\mathrm{W/m^2}$)	光出射度	M_{v}	流[明]每平方米($\mathrm{lm/m^2}$)
辐[射]强度	I_{e}	瓦每球面度($\mathrm{W/sr}$)	发光强度	I_{v}	坎[德拉]($1~\mathrm{cd}=1~\mathrm{lm/sr}$)
辐[射]亮度	L_{e}	瓦每球面度平方米$[\mathrm{W/(sr \cdot m^2)}]$	[光]亮度	L_{v}	坎[德拉]每平方米($\mathrm{cd/m^2}$)

光度量的单位是国际计量委员会(CIPM)规定的。在光度量单位体系中,被选作基本单位的是发光强度,其单位是坎德拉(cd)。坎德拉不仅是光度

体系的基本单位,也是国际单位制的七个基本单位之一。由于人眼对等能量的不同波长的可见光辐射能所产生的光感觉是不同的,因而按人眼的视觉特性来评价的辐射能通量(Φ_e)即为光通量(Φ_v),两者的关系是

$$\Phi_v = K_m \int_{380}^{780} \Phi_e(\lambda) v(\lambda) \mathrm{d}\lambda \qquad (4-15)$$

式中,K_m 为光谱光视效能的最大值,$K_m = 683\ \mathrm{lm/W}$;$v(\lambda)$ 为国际照明委员会(CIE)规定的标准光谱光视效率函数;$\Phi_e(\lambda)$ 为辐射能通量的光谱密集度;Φ_v 为光通量(lm);λ 为光谱光视效率。

用一般的函数表示光度量与辐射度量之间的关系,则有

$$X_v = K_m \int_{380}^{780} X_e(\lambda) v(\lambda) \mathrm{d}\lambda \qquad (4-16)$$

式中,$X_e(\lambda)$ 为辐射度量的光谱密集度。

4.3.3 辐射度学与光度学的基本定律

4.3.3.1 辐射强度余弦定律

朗伯反射体是一种理想模型,它要求在半球空间的辐射都是均匀的。事实上,许多辐射源只是在一定的空间范围内满足朗伯反射特性。描述这种辐射的空间分布特性的公式为

$$\mathrm{d}^2\Phi = B\cos\theta \cdot \mathrm{d}A \cdot \mathrm{d}\Omega \qquad (4-17)$$

式中,B 为常数;θ 为辐射法线与观察方向的夹角。

理想漫反射源单位表面积向空间指定方向单位立体角内发射(或反射)的辐射功率和该指定方向与表面法线夹角的余弦成正比,这就是朗伯余弦定律。具有这种特性的发射体(或反射体)称为余弦发射体(或余弦反射体)。

由辐射亮度的定义可推得朗伯余弦定律的另一种形式为

$$I_\theta = I_0 \cos\theta \qquad (4-18)$$

式中，I_θ 和 I_0 分别表示面元在 θ 角（与表面法线夹角）方向及其法线方向的辐射强度或光强度。该式的物理意义为朗伯辐射表面在某方向上的辐射强度随与该方向和表面法线之间夹角的余弦而变化。

根据辐射强度、辐射出射度与辐射亮度的关系，可将朗伯辐射体的特征总结如下：

$$L=L_0=C,\quad I_0=L_0A,\quad I_\theta=I_0\cos\theta,\quad \Phi=\pi I_0,\quad M=\pi L \quad (4\text{-}19)$$

4.3.3.2　距离平方反比定律

如图 4-7 所示，与点辐射源 A 的距离为 R 的微元面 $\mathrm{d}S$ 的照度表达式为

$$E=\frac{I}{R^2}\cos\alpha \qquad\qquad (4\text{-}20)$$

式中，I 为辐射强度；α 为微元面的倾斜角。

由此可见，当被照的平面垂直于辐射投射方向时，点辐射源在距离 R 处产生的照度，与辐射源的辐射强度成正比，与距离的平方成反比。如果二者成一定角度，即满足式（4-20），该式也被称为照度的余弦法则。

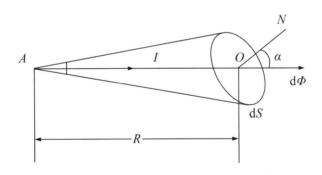

图 4-7　照度求解示意图

4.4　光辐射能在传输路径上的反射

在光辐射能的计算和测量中，必须仔细考虑它在传输路径上的反射、散

射和吸收损失,因为它们将直接影响到光辐射测量的精度。当入射光投射到某介质层时,入射辐射能通量一部分在介质界面被反射,一部分被介质吸收,剩余的部分则透过介质而出射。根据能量守恒定律,这三部分辐射能通量之和应该等于入射辐射能通量,即

$$\varphi_r + \varphi_a + \varphi_t = \varphi_i$$

或写成

$$\frac{\varphi_r}{\varphi_i} + \frac{\varphi_a}{\varphi_i} + \frac{\varphi_t}{\varphi_i} = 1 \tag{4-21}$$

式中,φ_r、φ_a 和 φ_t 分别为反射、吸收和透射的辐射能通量。式(4-21)又可记作

$$\rho + \alpha + \tau = 1 \tag{4-22}$$

式中

$$\rho = \frac{\varphi_r}{\varphi_i}, \quad \alpha = \frac{\varphi_a}{\varphi_i}, \quad \tau = \frac{\varphi_t}{\varphi_i}$$

其中,ρ、α 和 τ 分别叫作反射比、吸收比和透射比。

因为反射比、吸收比和透射比都是波长的函数,故有

$$\rho(\lambda) + \alpha(\lambda) + \tau(\lambda) = 1$$

这些光谱量和总量之间的关系如下:

因为

$$\varphi_i = \int_\lambda \varphi_i(\lambda) \, d\lambda$$

$$\varphi_r = \int_\lambda \varphi_i(\lambda) \rho(\lambda) \, d\lambda$$

故

$$\rho = \frac{\varphi_r}{\varphi_i} = \frac{\int_\lambda \varphi_i(\lambda) \rho(\lambda) \, d\lambda}{\int_\lambda \varphi_i(\lambda) \, d\lambda}$$

同理

$$\alpha = \frac{\varphi_a}{\varphi_i} = \frac{\displaystyle\int_\lambda \varphi_i(\lambda)\alpha(\lambda)\,\mathrm{d}\lambda}{\displaystyle\int_\lambda \varphi_i(\lambda)\,\mathrm{d}\lambda}$$

$$\tau = \frac{\varphi_t}{\varphi_i} = \frac{\displaystyle\int_\lambda \varphi_i(\lambda)\tau(\lambda)\,\mathrm{d}\lambda}{\displaystyle\int_\lambda \varphi_i(\lambda)\,\mathrm{d}\lambda}$$

总量 ρ、α 和 τ 与光源的入射光谱分布、积分的谱段有关，而它的光谱量只和介质的性质有关。因此当谈到反射比时，要说明所用光源的光谱分布以及是在什么谱段内的反射比（吸收比或透射比），然而光谱量却没有这些条件。例如，在不同光源下（如灯光下和阳光下）观看同一材料的反射色时，就可发现它们的色泽不同，而且肉眼察觉到的亮暗也不同，原因就在于此。

4.4.1　光辐射能在光滑界面上的反射和透射

光辐射能在光滑无吸收的透明介质界面的反射和透射可以由根据电磁理论导出的菲涅尔公式精确计算得到。

将入射辐射能的电场矢量 E 分解成垂直入射平面的分量 $E_\perp$ 和平行入射平面的分量 $E_{/\!/}$（对于自然光，$E_\perp = E_{/\!/}$）。在界面上，入射辐射能一部分按反射定律反射，一部分按折射定律由折射率为 n 的介质进入折射率为 n' 的介质。类似地，可将反射和透射电场矢量分解成 $E_{\perp r}$、$E_{/\!/ r}$ 和 $E_{\perp t}$、$E_{/\!/ t}$，下标 r 和 t 分别表示反射分量和透射分量（见图 4-8），则反射比的垂直分量 $\rho_\perp$ 和平行分量 $\rho_{/\!/}$ 分别为

$$\begin{cases} \rho_\perp = \left(\dfrac{E_{\perp r}}{E_{\perp i}}\right)^2 = \dfrac{\sin^2(\theta-\theta')}{\sin^2(\theta+\theta')} \\[4mm] \rho_{/\!/} = \left(\dfrac{E_{/\!/ r}}{E_{/\!/ i}}\right)^2 = \dfrac{\tan^2(\theta-\theta')}{\tan^2(\theta+\theta')} \end{cases} \tag{4-23}$$

式中，θ 和 θ' 满足折射定律 $n\sin\theta = n'\sin\theta'$。

在介质没有吸收时,有

$$\begin{cases} \tau_{\perp} = \left(\dfrac{E_{\perp t}}{B_{\perp i}}\right)^2 = 1 - \rho_{\perp} = \dfrac{\sin 2\theta \sin 2\theta'}{\sin^2(\theta + \theta')} \\ \tau_{/\!/} = \left(\dfrac{E_{\perp t}}{E_{/\!/ i}}\right)^2 = 1 - \rho_{/\!/} = \dfrac{\sin 2\theta \sin 2\theta'}{\sin^2(\theta + \theta')\cos^2(\theta - \theta')} \end{cases} \qquad (4\text{-}24)$$

对于无偏振的入射光,则

$$\rho = \frac{\rho_{\perp} + \rho_{/\!/}}{2} \ , \quad \tau = \frac{\tau_{\perp} + \tau_{/\!/}}{2} \qquad (4\text{-}25)$$

当垂直入射时,$\theta = 0°$,有

$$\begin{cases} \rho = \rho_{\perp} = \rho_{/\!/} = \left(\dfrac{n' - n}{n' + n}\right)^2 \\ \tau = \tau_{\perp} = \tau_{/\!/} = \dfrac{4n'n}{(n' + n)^2} \end{cases} \qquad (4\text{-}26)$$

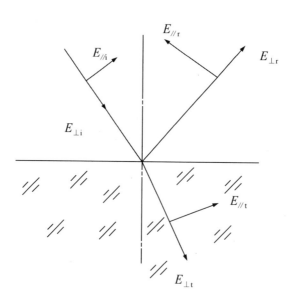

图 4-8　辐射能电场矢量在界面的反射和透射

图 4-9 所示为辐射能由空气分别进入折射率为 $n' = 1.52$ 和 $n' = 4$ 的介质中时,反射比的两个分量 $\rho_{\perp}$ 和 $\rho_{/\!/}$ 随入射角 θ 变化的曲线,而透射比的两个分量 $\tau_{\perp}$ 和 $\tau_{/\!/}$ 则可由 $1 - \rho_{\perp}$ 和 $1 - \rho_{/\!/}$ 分别求得。

由图可以看到,由于介质对不同振动方向电场矢量的各向异性,反射比的两个分量不相等,它们是辐射能入射角 θ 及两种介质折射率 n、n' 的函数,而折射率是波长的函数,故反射比也随波长、折射率而变化。当入射角等于零时,反射和透射不引起偏振。当折射率增加时,介质表面的反射比也随之增加。例如,当垂直入射时:记玻璃的 $n' \approx 1.52$,则 $\rho \approx 0.042\,5$;而对于锗,记 $n' \approx 4$,则 $\rho \approx 0.36$。

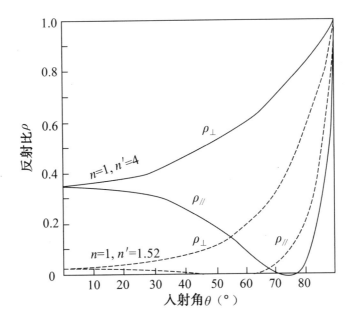

图 4-9　反射比 $\rho_\perp$ 和 $\rho_\parallel$ 随入射角 θ 变化的曲线

由式(4-23)可得,当 $\theta + \theta' = \pi/2$ 时,$\rho_\parallel = 0$,反射辐射能通量中只有振动与入射平面相垂直的分量,即反射辐射能是完全线偏振光。利用折射定律 $n\sin\theta = n'\sin\theta'$ 即可求得这时的入射角为

$$\theta_{\mathrm{p}} = \arctan\frac{n'}{n} \tag{4-27}$$

该入射角 θ_{p} 叫作布儒斯特角。

当入射光本身具有不同的偏振特性时,它在同一种介质表面的反射比和透射比都会有变化。例如,当入射光是线偏振光,且振动电矢量与入射平面垂直时,则介质的反射比就要用 $\rho_\perp$;而当该振动电矢量转过 $\pi/2$,即与入射平面平行时,则介质的反射比就应该用 $\rho_{/\!/}$。一般情况下,先将入射光分解成两个振动方向的电矢量,分别计算它们的反射辐射能通量。在光辐射测量中,介质的这种各向异性对测量结果会有影响。

辐射能在不透明的光滑金属表面上的反射和上述在介电质界面的反射情况有所不同。这时,应在介电质反射比的表达式的分子和分母上再增加一项与金属吸收比有关的项 χ。当入射光与表面法线成角 θ 入射时,则

$$\begin{cases} \rho_{\perp} = \dfrac{(n-\cos\theta)^2 + \chi^2}{(n+\cos\theta)^2 + \chi^2} \\[3mm] \rho_{/\!/} = \dfrac{(n-1/\cos\theta)^2 + \chi^2}{(n+1/\cos\theta)^2 + \chi^2} \end{cases} \tag{4-28}$$

式中,n 是金属的折射率。

当入射光垂直入射时,则

$$\rho = \rho_{\perp} = \rho_{/\!/} = \frac{(n-1)^2 + \chi^2}{(n+1)^2 + \chi^2} \tag{4-29}$$

表 4-6 给出了几种常用作反射表面的金属的 χ 和 n 值。表 4-7 是这几种金属的反射比值。需要注意的是,金属反射比和它们是纯金属还是真空镀膜以及镀制的条件有关。图 4-10 所示是几种金属的光谱反射比曲线。

与介电质比较,金属的反射特性具有一系列特点,例如:

(1) 金属的反射比 $\rho_{\perp}$、$\rho_{/\!/}$ 随入射角变化的规律和介电质大致相似,即 $\rho_{\perp}$ 随入射角的增加而增加。在入射角等于布儒斯特角时,$\rho_{/\!/}$ 最小,随后又增加。但是,由于金属的 x 值较大,所以整条曲线向上移。对于 x 值大的金属,由于反射比高,因此反射比随入射角的变化不明显,尤其是在红外谱段。图 4-11 所示是银的反射比随入射角变化的曲线。银的 x 值很大,而 n 值小,这样 $\rho_{\perp}$ 和 $\rho_{/\!/}$ 的差别就相当小了。总之,金属的反射没有介电质表面的反射对偏振程度的贡献大。高反射比金属对偏振的贡献常常可以忽略不计。

表 4-6　几种金属的 χ 和 n 值

金属名称	铝	水银	锑	铂	银	金	铜	镍
χ	5.23	4.80	4.94	4.26	3.67	2.82	2.62	3.42
n	1.44	1.60	3.04	2.06	0.18	0.37	0.64	1.58

表 4-7　几种金属的光谱反射比

波长/μm	0.76	1.0	2.0	3.0	4.0	5.0	10.0
化学镀银	0.96	0.975	0.978	0.984	0.985	0.985	0.987
抛光纯铜	0.83	0.901	0.955	0.971	0.973	0.968	0.985
化学镀金	0.92	0.947	0.965	0.967	0.969	0.969	0.977
抛光铝	0.72	0.75	0.86	0.91	0.92	—	0.98
镍	0.68	0.725	0.835	0.884	0.918	0.940	0.955
铬	0.56	0.57	0.63	0.70	0.76	0.81	0.93
钢	0.57	0.63	0.77	0.83	0.88	0.89	0.93

(2)在可见光谱段,反射比随波长的变化较明显,这是大多数金属呈现银白色的原因,而在红外谱段,反射比的变化却很小(见表 4-7)。金属在中、远红外谱段具有高而恒定的反射特性,这是红外系统中广泛使用反射系统的主要原因之一。

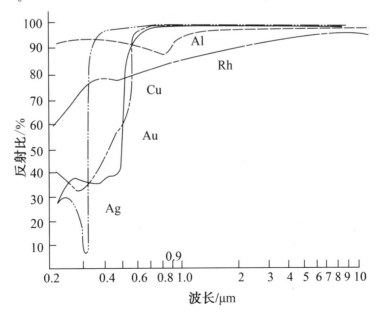

图 4-10　几种金属的光谱反射比曲线

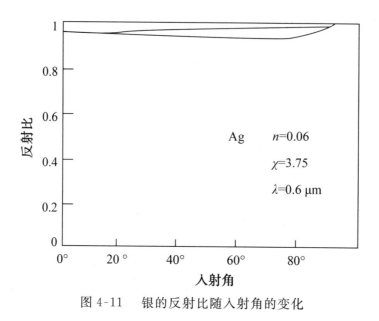

图 4-11　银的反射比随入射角的变化

4.4.2　光辐射能在粗糙表面的漫反射

光滑和粗糙都是相对的。我们常常把表面粗糙度远小于入射光波长的表面叫作光滑表面,把粗糙度比入射光波长大得多的表面叫作粗糙表面。同一种表面状态对长波来说也许是光滑的,而对短波来说可能就成粗糙的了。

光辐射能在光滑表面上的反射是镜反射或者近似镜反射;而在粗糙表面上的反射则呈现不同程度的漫反射,即在镜反射方向以外的其他方向的漫射。从本质上讲,漫反射和镜反射是一样的,只是漫反射是多个不同方向的镜反射在宏观上的表现。因而漫反射的程度在很大程度上取决于表面粗糙的状况(颗粒尺寸及分布等)。图 4-12 画出了镜反射、理想漫反射以及既有镜反射成分又有漫反射成分的混合反射三种情况。

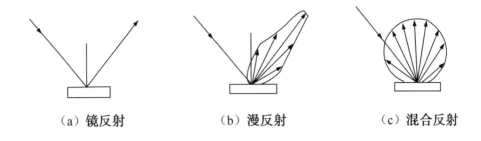

（a）镜反射　　　　　　（b）漫反射　　　　　　（c）混合反射

图 4-12　镜反射、漫反射和它们的混合反射

对漫反射特性的描述要比镜反射复杂得多。漫反射的反射比也是波长的函数，且反射比还和光入射的方式、入射角的大小有关，它们的变化都会引起反射辐射能通量以及其在空间分布的变化。反射光在空间分布的不均匀，导致反射比与观测反射光的方式、观测角大小也有一定的关系。

概括来说，光入射的方式和观测反射光的方式有如图 4-13 所示的 9 种基本形式，分别是漫射 (d)、锥角 (θ,φ) 和定向 (θ_0,φ_0) 入射以及漫射 (d')、锥角 (θ',φ') 和定向 (θ_0',φ_0') 观测这几种情况的组合。它们的反射比分别为：漫射-漫射，$\rho(d,d')$；锥角-漫射，$\rho(\theta,\varphi;d')$；定向-漫射，$\rho(\theta_0,\varphi_0;d')$；漫射-锥角，$\rho(d;\theta',\varphi')$；锥角-锥角，$\rho(\theta,\varphi;\theta',\varphi')$；定向-锥角，$\rho(\theta_0,\varphi_0;\theta',\varphi')$；漫射-定向，$\rho(d;\theta_0',\varphi_0')$；锥角-定向，$\rho(\theta,\varphi;\theta_0',\varphi_0')$；定向-定向，$\rho(\theta_0,\varphi;\theta_0',\varphi_0')$。其中 θ 表示入射角，φ 表示方位角。当然，还有更复杂的情况。例如，在户外用肉眼观看一漫射材料（如布、纸张）时，则入射方式既有太阳的直射光，又有天空的散射光，这样入射方式可以认为是图（d）和（f）的组合，而接收方式可以认为是锥角观测。

用观测辐射能通量和入射辐射能通量之比表示的反射值叫作反射比，记作 ρ，它的参考量是入射量。由于观测值只能小于或近似等于入射值，故反射比总是小于 1。

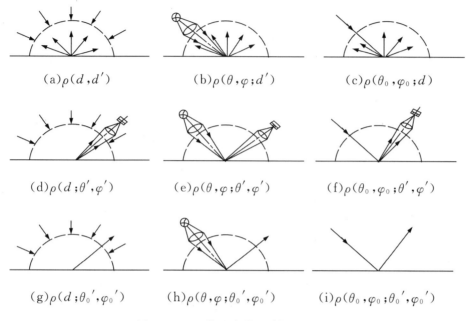

$$(a)\rho(d,d')\qquad\qquad (b)\rho(\theta,\varphi;d')\qquad\qquad (c)\rho(\theta_0,\varphi_0;d)$$

$$(d)\rho(d;\theta',\varphi')\qquad (e)\rho(\theta,\varphi;\theta',\varphi')\qquad (f)\rho(\theta_0,\varphi_0;\theta',\varphi')$$

$$(g)\rho(d;\theta_0',\varphi_0')\qquad (h)\rho(\theta,\varphi;\theta_0',\varphi_0')\qquad (i)\rho(\theta_0,\varphi_0;\theta_0',\varphi_0')$$

图 4-13   9 种基本的入射和观测方式

由图 4-13(d)(e)和(f)可以看出,观测辐射能通量和接收系统的立体角大小有关。接收立体角越大,观测辐射能通量也就越多,这样反射比就越大,即

$$\rho(\theta,\varphi;\theta',\varphi')=\frac{\mathrm{d}\varphi'}{\mathrm{d}\varphi}=\frac{L'(\theta',\varphi')\cos\theta'\mathrm{d}\Omega'\mathrm{d}s}{E(\theta,\varphi)\mathrm{d}s}$$

$$=\frac{L'(\theta',\varphi')\cos\theta'\mathrm{d}\Omega'}{E(\theta,\varphi)}\tag{4-30}$$

这样在测得反射比值时,还必须说明观测时接收系统的立体角大小,这是颇为不便的,所以锥角观测的反射比(也叫"方向反射比")一般不使用。

还可以用待测材料和理想朗伯表面在相同的入射和观测条件下测得的读数之比来表示反射值。所谓"理想朗伯表面",就是指反射比等于 1 而具有朗伯漫射特性的表面,以它作为各种表面反射特性的比较基准(参考量)。这样测得的值叫作反射因数,记作 R,可写作

$$R(\theta,\varphi;\theta',\varphi')=\frac{\mathrm{d}\varphi'}{\mathrm{d}\varphi'_{\text{朗伯}}}=\frac{L'(\theta',\varphi')\cos\theta'\mathrm{d}\Omega'\mathrm{d}s}{\dfrac{E(\theta,\varphi)}{\pi}\cos\theta'\mathrm{d}\Omega'\mathrm{d}s}$$

$$= \pi \frac{L'(\theta', \varphi')}{E(\theta, \varphi)} \tag{4-31}$$

与式(4-30)相比,反射因数和观测立体角的大小无关,而仅仅取决于材料表面的反射特性。

在光照下,我们通过物体的色调和亮暗来区分它们时,虽然它们所接收的照度 $E(\theta, \varphi)$ 是相同的,但我们观察到的反射亮度的颜色和强弱不同,这是因为它们的反射特性各异。

用反射辐亮度和入射辐照度的比值来描述材料表面的反射特性具有唯一性,即该比值所确定的表面反射特性只取决于材料表面本身的特性,而和接收立体角等测量因素无关。该比值叫作双向反射分布函数（Bidirectional Reflectance Distribution Function，BRDE),可表示为

$$\mathrm{BRDF}(\theta, \varphi; \theta', \varphi') = \frac{L'(\theta', \varphi')}{E(\theta, \varphi)} \tag{4-32}$$

其意义为在不同入射角条件下物体表面在任意观测角时的反射特性。与无量纲的反射因数不同,BRDF 是有量纲的（为球面度$^{-1}$）。由式(4-31)和式(4-32)可得出反射因数 R 与 BRDF 之间的关系为

$$R(\theta, \varphi; \theta', \varphi') = \pi \mathrm{BRDF}(\theta, \varphi; \theta', \varphi') \tag{4-33}$$

则反射因数 $R(\theta, \varphi; \theta', \varphi')$ 在半球空间的积分为

$$\int_{\theta}^{\pi/2} \int_{0}^{2\pi} R(\theta, \varphi, \theta', \varphi') \sin \theta' \cos \theta' \mathrm{d}\theta' \mathrm{d}\varphi$$

$$= \int_{\theta}^{\pi/2} \int_{0}^{2\pi} \pi \frac{L'(\theta', \varphi')}{E(\theta, \varphi)} \cos \theta' \mathrm{d}\Omega' \frac{\mathrm{d}s}{\mathrm{d}s}$$

$$= \frac{\Phi'(d')}{\Phi(\theta, \varphi)} = \rho(\theta, \varphi; d') \tag{4-34}$$

也就是说,半球观测时,定向（或半球)-半球反射比和定向（或半球)-半球反射因数是相等的。这是因为定向-半球反射比是半球观测的辐射能通量与定向入射辐射能通量之比;而定向-半球反射因数是半球观测的辐射能通量和由理想朗伯表面反射的辐射能通量之比。由于理想朗伯表面的反射辐射能通量

等于入射辐射能通量,在图 4-14 中,即 $\Phi'_{朗伯}=\Phi$,则 $R(\theta,\varphi;d')=\Phi'/\Phi'_{朗伯}$ $=\Phi'/\Phi=\rho(\theta,\varphi;d')$。

由图 4-14 还可以看出,虽然 $\Phi'<\Phi'_{朗伯}$,但是当表面呈现出一定的镜反射特性时,在一些观测方向上,可能出现 $\Phi'(\theta,\varphi;\theta',\varphi')>\Phi'_{朗伯}(\theta,\varphi;\theta',\varphi')$,即在某些方向上,材料表面的反射辐射能通量比较集中,它们有可能大于甚至远大于理想朗伯面将辐射能通量在空间各个方向均匀散布的反射辐射能通量。镜反射这一漫反射的特例就是最简单的说明。这时 $R(\theta,\varphi;\theta',\varphi')$ 有可能大于 1。

完整地描述表面的漫反射特性是很复杂的,例如角 θ、θ' 每 15°取一个值,φ、φ' 每 30°取一个值,则描述表面的反射比因数(或 BRDF)需要 $6^4=1296$ 个值($\theta,\theta',\varphi,\varphi'$ 各 6 个值的组合)。对于多数材料,不同方位上反射特性的变化甚小,因此常常将反射因数写成 $R(\theta,\theta')$ 等。

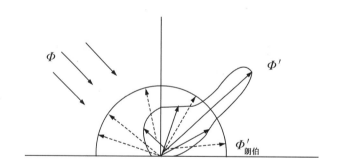

图 4-14　材料表面和理想朗伯面反射辐射能通量分布的比较

式(4-31)中,当观测立体角趋于无穷小时,则

$$R(\theta,\varphi;\theta',\varphi')=\frac{L'(\theta',\varphi')}{L'(\theta',\varphi')_{朗伯}}=\beta(\theta,\varphi;\theta',\varphi') \tag{4-35}$$

其中,β 叫作辐射亮度因数。在光度学中,叫作光亮度因数。

第5章　振动测量与评价

环境中振动的测量对于环境振动污染的防治是十分重要的。本章将介绍有关环境振动测量方面的必要知识和技术,以便测量人员能够合理选择测量仪器,正确使用仪器、恰当布置测点、准确读数并整理测量结果,从而为环境振动防治工作的广泛开展起到推动作用。

5.1　振动测量系统

一个振动基本测试系统主要由振动设备、传感器、信号转换器、信号分析处理设备等几部分组成,各部分的关系如图 5-1 所示。振动传感器是一种用来测量物体振动的装置,它将振动的物理量(如位移、速度、加速度)转换为电信号(如电压信号或电流信号)。根据测量信号的不同,传感器可分为位移传感器、速度传感器、加速度传感器、相位计、频率计等。由于传感器的输出信号(如电压信号或电流信号)太小,无法直接记录,所以需要使用信号转换器将信号放大到所需值。信号转换器的输出信号可以直接在显示单元上显示,进而进行目视检查,也可以由记录单元记录,或者存储在计算机中以供以后使用。数据分析处理装置用来对数据进行分析处理,以确定机器或结构的振动特性。

图 5-1　振动基本测试系统

选择振动测量仪器时,要综合考虑以下几方面因素:(1)频率和振幅的预期范围,(2)所涉及的机器/结构的尺寸,(3)机器/设备/结构的操作条件,以及(4)使用的数据处理类型。

5.2　振动测量仪器与振动信号处理

5.2.1　振动测量仪器

5.2.1.1　位移传感器

位移传感器是用来测量物体振动幅值的传感器,目前常用的有激光位移传感器、电涡流位移传感器、光栅传感器等,如图 5-2 所示。

激光位移传感器是利用激光技术进行测量的传感器,它由激光器、激光检测器和测量电路组成。激光束通过透镜聚焦后照射到被测物体表面,经反射后聚焦到传感器中的光电探测器上,光电探测器接收到反射光后,将其转换成电信号,经过放大和信号处理后输出。通过测量激光光程的变化,可以获得被测物体的位移信息。激光位移传感器能够实现非接触远距离测量,具有速度快、精度高、量程大、抗干扰能力强等优点。

电涡流位移传感器是根据电涡流效应制成的传感器。当金属导体周围有一个变化的磁场时,会在导体中感应出一个环路电流,这个电流会激发出一个反方向的磁场,从而在导体中形成电涡流。通过测量这个电涡流的大小,可以得出金属导体的位移信息。电涡流位移传感器具有测量速度快、精度高、抗干扰性好等优点,被广泛应用于航空、汽车、机床等领域的位移测量。

光栅位移传感器是根据莫尔条纹的形成原理进行工作的。一对光栅副中的主光栅(即标尺光栅)和副光栅(即指示光栅)进行相对移动时,在光的干涉与衍射的共同作用下产生的黑白相间(或明暗相间)的规则条纹图形,称为莫尔条纹。光栅位移传感器通过光电器件将黑白(或明暗)相间的条纹转换成正弦波变化的电信号,再经过放大器放大、整形电路整形后,得到两路相位差为 $90°$ 的正弦波或方波,送入光栅数显表计数显示。

(a)激光位移传感器　　　(b)电涡流位移传感器　　　(c)光栅位移传感器

图 5-2　常用的位移传感器

5.2.1.2　加速度传感器

加速度传感器是一种用于测量物体加速度的传感器,其主要用来检测人、车、机器等的运动状态(见图 5-3)。当物体有加速度时,加速度传感器内部的质量块或微机械结构会发生微小的位移或变形,从而改变电容或电阻等参数的值,这些参数的变化会被传感器芯片中的电路进行放大和处理,最终输出一个与加速度成正比的电信号。

图 5-3　加速度传感器

5.2.1.3　测频仪

测频仪是一种用于频率测量和信号分析的仪器设备,它能够通过对电信号进行分析和处理,获得信号的频率、幅度、相位等参数。频闪仪是常用的一种测频仪。

频闪仪是一种能够产生间歇光脉冲的仪器,并可以改变产生的光脉冲的频率。当用频闪仪观察旋转(振动)物体上的特定点时,只有当脉动光的频率等于旋转(振动)物体的旋转(振动)频率时,该点才会看上去静止。频闪仪的主要优点是不与旋转(振动)体接触。由于视觉的持续性,频闪仪测量的最低频率约为 15 Hz。典型的频闪仪如图 5-4 所示。

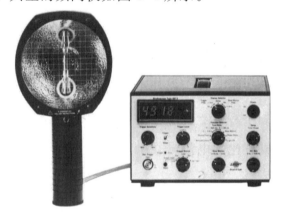

图 5-4　频闪仪

在信号分析中,我们需要确定系统在已知激励下的响应,并以简便的形式表示出来。通常,系统在时间域上的响应未提供太多有用的信息,但是,在频域上的响应将显示能量集中的频率。由于系统各个部件的动态特性通常是已知的,因此我们可以将不同的频率与特定部件联系起来。例如,振动的机架的加速度时域信号如图 5-5(a)所示,然而这些数据不能用来确定振动产生的原因。如果将加速度时域信号转换为频域信号,则加速度频谱图如图5-5(b)所示。由图可以看出,能量集中在 25 Hz 左右。显然,这个频率与电机的转速有关系,因此,加速度频谱图给出了一个强有力的证据,即电动机是引起振动的原因。

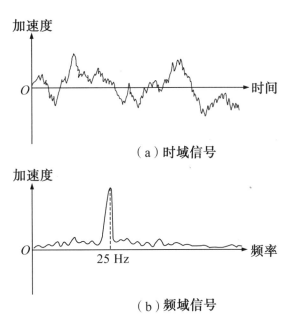

图 5-5　加速度时域和频域信号

5.2.2　振动信号的分析与处理

5.2.2.1　频谱分析仪

频谱分析仪可用于信号分析,它通过将信号的能量分成不同的频带,在频域中分析信号。信号能量的频带分离是通过一组滤波器来实现的。频谱分析仪通常根据所选用的过滤器的类型进行分类。例如,如果使用倍频程滤波器,则频谱分析仪称为倍频程分析仪。

近年来,数字分析仪在实时信号分析中得到了广泛的应用。在实时频率分析中,需要在所有频带上对信号进行连续分析,因此,分析过程所花费的时间不得超过收集信号数据所花费的时间。实时分析仪特别适用于机器的健康监测,因为在机器发生变化的同时,可以观察到振动频谱的变化。实时分析的常用方法有两种:数字滤波法和快速傅里叶变换法(FFT)。

数字滤波法适用于恒定带宽百分比的分析,FFT 法适用于恒定带宽的分析。在介绍这两种方法的区别之前,我们首先介绍频谱分析仪的基本组成,即带通滤波器。

5.2.2.2 带通滤波器

带通滤波器是一种允许特定频段的信号通过,而拒绝其他频段的信号通过的滤波器。带通滤波器可以通过使用电阻器、电感器或电容器来构建。图 5-6 所示是带通滤波器的幅值与频率的关系图,带通滤波器的下限频率和上限频率分别用 f_l 和 f_h 表示,带宽为 $\Delta f = f_h - f_l$。带通滤波器的作用是允许频率在 f_l 和 f_h 之间的所有信号通过,且不影响信号的幅值和相位,同时,阻止频率在 f_l 以下和 f_h 以上的信号通过。

对于一个好的带通滤波器,带内的波纹将是最小的,滤波器"裙摆"的斜率将是陡峭的,以保持实际带宽接近理想值。带通滤波器的"裙摆"指的是滤波器在通带过渡区周围的响应曲线形状,通常用于描述滤波器在不同频率下的增益。对于实际的滤波器,幅值比中心频率(f_c)的幅值小 3 dB 的频率 f_l 和 f_h 称为截止频率。中心频率(f_c)与截止频率(f_l 和 f_h)之间的关系为

$$f_c = \sqrt{f_l f_h}。$$

频率分析仪通常分为两种:一种是恒定带宽的分析仪,另一种是恒定百

分比带宽的分析仪。恒定带宽分析仪的滤波器有一固定的带宽,此带宽与中心频率无关。恒定百分比带宽的分析仪,其滤波器带宽是中心频率的一个恒定百分比值,故带宽随中心频率的增加而增加。

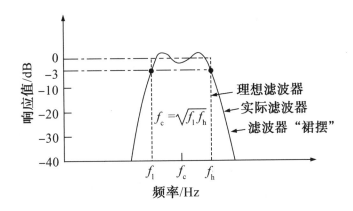

图 5-6　滤波器的响应特性

5.3　城市区域环境振动标准

城市区域环境振动可分为三种类型:

(1)稳态振动:指观测时间内振级变化不大的环境振动;

(2)冲击振动:指具有突发性振级变化的环境振动;

(3)无规振动:指未来任何时刻不能预先确定振级的环境振动。

5.3.1　振动测量

5.3.1.1　测量量

(1)振动加速度级 VAL

与噪声类似,振动的位移、速度、加速度等也可以用分贝数表示它们的相对大小。加速度与基准加速度之比的以 10 为底的对数乘以 20,记为振动加

速度级（VAL），单位为分贝（dB），即

$$VAL = 20\lg\frac{a}{a_0} \tag{5-1}$$

式中，a 为振动加速度的有效值（m/s²）；a_0 为基准加速度，$a_0 = 10^{-6}$ m/s²。

（2）振动级 VL

按 ISO 2631/1—1985 规定的全身振动不同频率计权因子修正后得到的振动加速度级，称为振动级，简称振级，记为 VL，单位为分贝（dB）。

（3）Z 振级 VL$_z$

按 ISO 2631/1—1985 规定的全身振动 Z 计权因子修正后得到的振动加速度级，称为 Z 振级，记为 VLz，单位为分贝（dB）。

（4）累计百分 Z 振级 VL$_{zn}$

在规定的测量时间 T 内，有 $N\%$ 时间的 Z 振级超过某一 VL$_z$ 值，这个 VL$_z$ 值叫作累积百分 Z 振级，记为 VL$_{zn}$，单位为分贝（dB）。

5.3.1.2 读数方法与评价量

根据《城市区域环境振动标准》（GB 10070—88），振动测量量为铅垂向 Z 振级，测量时采用的仪器时间计权常数为 1 s。对于稳态振动，每个测点测量一次，取 5 s 内的平均示数作为评价量；对于冲击振动，取每次冲击过程中的最大示数作为评价量，当冲击振动重复出现时，以 10 次读数的算术平均值作为评价量；对于无规振动，每个测点等间隔地读取瞬时示数，采样间隔不大于 5 s，连续测量时间不少于 1 000 s，以测量数据的 VL$_{z10}$ 值作为评价量；对于铁路振动，读取每次列车通过过程中的最大示数，每个测点连续测量 20 次列车，以 20 次读数的算术平均值作为评价量。

5.3.1.3 测量位置及拾振器的安装

按照《城市区域环境振动测量方法》（GB 10071—88）的要求，测量点应置于各类区域建筑物室外 0.5 m 以内振动敏感处，必要时置于建筑物室内地面

中央。测量过程中应确保拾振器平稳地安放在平坦、坚实的地面上,避免置于如地毯、草地、砂地或雪地等松软的地面上,且拾振器的灵敏度主轴方向应与测量方向一致。

5.3.1.4　测量条件

测量时振源应处于正常工作状态,且应避免足以影响环境振动测量值的其他环境因素,如剧烈的温度梯度变化、强地磁场、强风、地震或其他非振动污染源引起的干扰。

5.3.2　振动评价标准及适用地带范围

根据《城市区域环境振动标准》(GB 10070—88),城市各类区域铅垂向 Z 振级标准如表 5-1 所示。本标准适用于连续发生的稳态振动、冲击振动和无规则振动。每日发生几次的冲击振动,其最大值昼间不允许超过标准值 10 dB,夜间不超过 3 dB。

表 5-1　城市各类区域铅垂向 Z 振级标准

适用地带范围	昼间/dB	夜间/dB
特殊住宅区	65	65
居民、文教区	70	67
混合区、商业中心区	75	72
工业集中区	75	72
交通干线道路两侧	75	72
铁路干线两侧	80	80

表 5-1 中,"特殊住宅区"是指特别需要安宁的住宅区;"居民、文教区"是指纯居民区和文教、机关区;"混合区"是指一般商业与居民混合区,工业、商

业、少量交通与居民混合区;"商业中心区"是指商业集中的繁华地区;"工业集中区"是指在一个城市或区域内规划明确确定的工业区;"交通干线道路两侧"是指车流量每小时 100 辆以上的道路两侧;"铁路干线两侧"是指每日车流量不少于 20 列的铁路外轨 30 m 外两侧的住宅区。《城市区域环境振动标准》适用的地带范围由地方人民政府规定,昼间、夜间的时间由当地人民政府按当地习惯和季节变化划定。

5.4　人体暴露于全身振动的评价

交通工具(包括空中、陆路及水上)、机械设施(比如用于工业和农业的)以及工业活动(比如打桩和爆破)经常使人们暴露于周期的、随机的或瞬态的机械振动当中,这些机械振动会影响人们的舒适、活动和健康。

5.4.1　振动测量

振动幅值的基本量是加速度,在很低频率振动而且是低振幅的情况下,可以进行速度测量并换算成加速度。

5.4.1.1　测量方向

应以振动输入人体的点为坐标原点测量振动。主要相关的基本中心坐标系如图 5-7 所示。如果不能获得这个优选的中心坐标轴与振动传感器的精确对中,必要时传感器的灵敏轴可与这个优选的中心坐标轴偏移 15°。对于坐在斜靠背椅子上的人,相对坐标原点应由人体的坐标轴来决定,这时的 z 轴不必垂直,但应注明基本中心坐标系相对于重力场的方位。固定于某一测量位置的传感器应正交安放。单个测量位置处放置在不同坐标轴上的平移加速度传感器应尽量靠近。

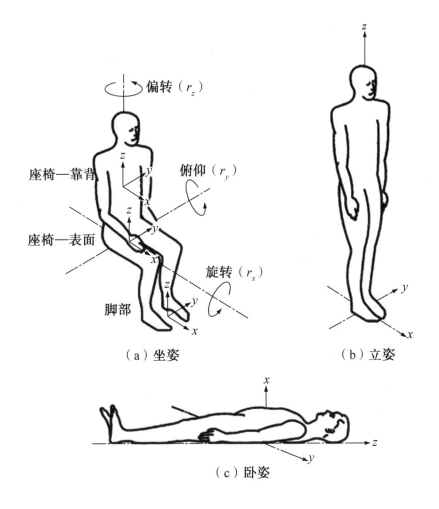

（a）坐姿 （b）立姿

（c）卧姿

图 5-7 人体基本中心坐标系

5.4.1.2 测量位置

为了表示在人体和振源间界面处的振动,此处应放置传感器。传到人体的振动应当在人体和支撑面间的界面上进行测量。

人体和振动表面间接触的主要区域并不总是很明确的。对于坐姿人体,使用了三个主要区域:座椅支撑面、座椅—靠背处和放脚处。座椅支撑面的测量应当在坐骨突起部位的下面进行,座椅—靠背处的测量应当在支撑人体的主要区域进行,放脚处的测量应当在最经常放脚的支撑面上进行。对于卧姿,应在骨盆、后背和头下的支撑面进行测量。在所有情况下都应当全面报告测量位置。

对于通过非刚性或柔性材料(比如座椅靠垫或睡椅)传递到人体的振动,应使用处于人和支撑面间主要接触区域的传感器进行测量。这可以通过将传感器封装在一个具有合适形状的安装座中来实现,该安装座不应明显改变该柔性材料表面上的压力分布。对于非刚性表面上的测量,人体应当采取相对于外界的正常位置。

5.4.1.3 测量时间长度

测量时间长度应能充分保证合理的数据统计精度,并且能够保证所测振动对拟评估的暴露具有典型性。应当报告测量时间长度。当完整的暴露包括具有不同特性的时间段时,可以要求分别对不同时间段做单独分析。对于平稳的随机信号,测量精度取决于滤波器的带宽和测量时间长度。例如,要得到置信度为90%时小于3 dB的测量误差,当用1/3倍频程进行分析时,则对1 Hz的下限频率(LLF)至少需要108 s的测量时间长度,对于0.5 Hz的LLF至少需要227 s的测量时间长度。如果是有代表性的振动暴露,测量时间通常会更长。

5.4.2 振动评价

5.4.2.1 基本评价方法:计权均方根加速度

对平移振动,计权均方根加速度用 m/s² 表示,而对旋转振动则用 rad/s² 表示。计权均方根加速度应按式(5-2)或其频域的等价式计算:

$$a_w = \left[\frac{1}{T}\int_0^T a_w^2(t)\mathrm{d}t\right]^{\frac{1}{2}} \tag{5-2}$$

式中,$a_w(t)$ 为作为时间函数(时间历程)的计权加速度(平移的或旋转的),单位分别为米每二次方秒(m/s²)或弧度每二次方秒(rad/s²);T 为测量时间长度,单位为秒(s)。

表 5-2 和表 5-3 分别列出了不同方向以及不同应用条件下推荐和/或使用的频率计权曲线。表 5-4 和表 5-5 给出了这些计权曲线的数值。

表 5-2　基本计权的频率计权曲线应用指南

频率计权	健康	舒适	感知	运动病
W_k	z 轴,座椅表面	z 轴,座椅表面 z 轴,立姿 垂直,卧姿(头部除外) x、y、z 轴,坐姿脚部	z 轴,座椅表面 z 轴,立姿 垂直,卧姿(头部除外)	—
W_d	x 轴,座椅表面 y 轴,座椅表面	x 轴,座椅表面 y 轴,座椅表面 x、y 轴,立姿 水平,卧姿 y、z 轴,座椅—靠背	x 轴,座椅表面 y 轴,座椅表面 x、y 轴,立姿 水平,卧姿	—
W_f	—	—	—	垂直方向

表 5-3　附加计权的频率计权曲线应用指南

频率计权	健康	舒适	感知	运动病
W_c	x 轴,座椅表面	y 轴,座椅—靠背	x 轴,座椅—靠背	—
W_e	—	r_x、r_y、r_z 轴,座椅表面	r_x、r_y、r_z 轴,座椅表面	—
W_j	—	垂直,卧姿(头部)	垂直,卧姿(头部)	—

表 5-4　1/3 倍频程下的基本频率计权

频带数 x	频率 f/Hz	W_k		W_d		W_f	
		因数×1 000	dB	因数×1 000	dB	因数×1 000	dB
−17	0.02					24.2	−32.33
−16	0.025					37.7	−28.48
−15	0.031 5					59.7	−24.47
−14	0.04					97.1	−20.25
−13	0.05					157	−16.10
−12	0.063					267	−11.49
−11	0.08					461	−6.83
−10	0.1	31.2	−30.11	62.4	−24.09	695	−3.16
−9	0.125	48.6	−26.26	97.3	−20.24	895	−0.96
−8	0.16	79.0	−22.05	158	−16.01	1 006	0.05
−7	0.2	121	−18.33	243	−12.28	992	−0.07
−6	0.25	182	−14.81	365	−8.75	854	−1.37
−5	0.315	263	−11.60	530	−5.52	619	−4.17
−4	0.4	352	−9.07	713	−2.94	384	−8.31
−3	0.5	418	−7.57	853	−1.38	224	−13.00
−2	0.63	459	−6.77	944	−0.50	116	−18.69
−1	0.8	477	−6.43	992	−0.07	53.0	−25.51
0	1	482	−6.33	1 011	0.10	23.5	−32.57
1	1.25	484	−6.29	1 008	0.07	9.98	−40.02
2	1.6	494	−6.12	968	−0.28	3.77	−48.47
3	2	531	−5.49	890	−1.01	1.55	−56.19
4	2.5	631	−4.01	776	−2.20	0.64	−63.93
5	3.15	804	−1.90	642	−3.85	0.25	−71.96
6	4	967	−0.29	512	−5.82	0.097	−80.26

频带数	频率	W_k		W_d		W_f	
x	f/Hz	因数×1 000	dB	因数×1 000	dB	因数×1 000	dB
7	5	1039	0.33	409	−7.76		
8	6.3	1 054	0.46	323	−9.81		
9	8	1 036	0.31	253	−11.93		
10	10	988	−0.10	212	−13.91		
11	12.5	902	−0.89	161	−15.87		
12	16	768	−2.28	125	−18.03		
13	20	636	−3.93	100	−19.99		
14	25	513	−5.80	80.0	−21.94		
15	31.5	405	−7.86	63.2	−23.98		
16	40	314	−10.05	49.4	−26.13		
17	50	246	−12.19	38.8	−28.22		
18	63	186	−14.61	29.5	−30.60		
19	80	132	−17.56	21.1	−33.53		
20	100	88.7	−21.04	14.1	−36.99		
21	125	54.0	−25.35	8.63	−41.28		
22	160	28.5	−30.91	4.55	−46.84		
23	200	15.2	−36.38	2.43	−52.30		
24	250	7.90	−42.04	1.26	−57.97		
25	315	3.98	−48.00	0.64	−63.92		
26	400	1.95	−54.20	0.31	−70.12		

注:x 为 IEC 1260 中的频带数。

表5-5 1/3倍频程下的附加频率计权

频带数 x	频率 f/Hz	W_c 因数×1 000	W_c dB	W_e 因数×1 000	W_e dB	W_j 因数×1 000	W_j dB
−10	0.1	62.4	−24.11	62.5	−24.08	31.0	−30.18
−9	0.125	97.2	−20.25	97.5	−20.22	48.3	−26.32
−8	0.16	158	−16.03	159	−15.98	78.5	−22.11
−7	0.2	243	−12.30	245	−12.23	120	−18.38
−6	0.25	364	−8.78	368	−8.67	181	−14.86
−5	0.315	527	−5.56	536	−5.41	262	−11.65
−4	0.4	708	−3.01	723	−2.81	351	−9.10
−3	0.5	843	−1.48	862	−1.29	417	−7.60
−2	0.63	929	−0.64	939	−0.55	458	−6.78
−1	0.8	972	−0.24	941	−0.53	478	−6.42
0	1	991	−0.08	880	−1.11	484	−6.30
1	1.25	1 000	0.00	772	−2.25	485	−6.28
2	1.6	1 007	0.06	632	−3.99	483	−6.32
3	2	1 012	0.10	512	−5.82	482	−6.34
4	2.5	1 017	0.15	409	−7.77	489	−6.22
5	3.15	1 022	0.19	323	−9.81	524	−5.62
6	4	1 024	0.20	253	−11.93	628	−4.04
7	5	1 013	0.11	202	−13.91	793	−2.01
8	6.3	974	−0.23	160	−15.94	946	−0.48
9	8	891	−1.00	125	−18.03	1 017	0.15
10	10	776	−2.20	100	−19.98	1 030	0.26
11	12.5	647	−3.79	80.1	−21.93	1 026	0.22
12	16	512	−5.82	62.5	−24.08	1 018	0.16
13	20	409	−7.77	50.0	−26.02	1 012	0.10

续表

频带数 x	频率 f/Hz	W_c		W_e		W_j	
		因数×1 000	dB	因数×1 000	dB	因数×1 000	dB
14	25	325	−9.76	39.9	−27.97	1 007	0.06
15	31.5	256	−11.84	31.6	−30.01	1 001	0.00
16	40	199	−14.02	24.7	−32.15	991	−0.08
17	50	156	−16.13	19.4	−34.24	972	−0.24
18	63	118	−18.53	14.8	−36.62	931	−0.62
19	80	84.4	−21.47	10.5	−39.55	843	−1.48
20	100	56.7	−24.94	7.07	−43.01	708	−3.01
21	125	34.5	−29.24	4.31	−47.31	539	−5.36
22	160	18.2	−34.80	2.27	−52.86	364	−8.78
23	200	9.71	−40.26	1.21	−58.33	243	−12.30
24	250	5.06	−45.92	0.63	−63.99	158	−16.03
25	315	2.55	−51.88	0.32	−69.94	100	−19.98
26	400	1.25	−58.08	0.16	−76.14	62.4	−24.10

注:x 为 IEC 1260 中的频带数。

频率计权加速度信号的最大瞬时峰值与其均方根值的比的模称为波峰因数。峰值应当在整个测量时间长度,也就是用于均方根值积分的时间周期 T 中确定。波峰因数可以用来研究基本评价方法是否适用于描述振动对人体影响的严酷程度,对波峰因数小于或等于 9 的振动,基本评价方法一般是有效的。但是在基本评价方法可能会低估振动影响(高的波峰因数、偶然性冲击、瞬态振动等)的情况下,应采用其他替代方法,如运行均方根值和四次方振动剂量值。

5.4.2.2　运行均方根评价方法

运行均方根评价方法通过使用一个短的积分时间常数来考虑偶然性冲

击和瞬态振动。定义振动幅值为最大瞬时振动值(MTVV),由 $a_w(t_0)$ 的时间历程上的最大值给定。$a_w(t_0)$ 的定义式为

$$a_w(t_0) = \left\{ \frac{1}{\tau} \int_{t_0-\tau}^{t_0} \left[a_w(t) \right]^2 \mathrm{d}t \right\}^{\frac{1}{2}} \tag{5-3}$$

式中,$a_w(t)$ 为瞬时频率计权加速度;τ 为运行平均积分时间;t 为时间(积分变量);t_0 为观测时间(瞬时时间)。

最大瞬时振动值 MTVV 的定义为

$$\mathrm{MTVV} = \max[a_w(t_0)] \tag{5-4}$$

也就是在一个测量周期内所读得的 $a_w(t_0)$ 的最大值。

在测量 MTVV 时,推荐使用 $\tau = 1$ s(相应的积分时间常数用声级计的"慢"挡)。

5.4.2.3　四次方振动剂量法

与基本评价方法相比,由于使用加速度时间历程的四次方而不是平方作为计算平均的基础,所以四次方振动剂量法对峰值更为敏感。四次方振动剂量值(VDV)用米每 1.75 次方秒($\mathrm{m/s^{1.75}}$)或弧度每 1.75 次方秒($\mathrm{rad/s^{1.75}}$)表示,其定义式为

$$\mathrm{VDV} = \left\{ \int_0^T \left[a_w(t) \right]^4 \mathrm{d}t \right\}^{\frac{1}{4}} \tag{5-5}$$

式中,$a_w(t)$ 为瞬时频率计权加速度;T 为测量时间长度。

第6章　噪声的评价与测量

无论是评价环境噪声的大小及对人的危害，评价各种机电产品的噪声指标，以及评价噪声控制的效果，还是为噪声控制提供研究分析的数据，均需进行噪声测量。本章将重点介绍噪声的评价方法和评价量以及噪声的测量方法和测量仪器等。

6.1　噪声的评价方法

本书前面已介绍了噪声评价的部分客观量指标和主观量指标，如声压与声压级、声强与声强级、声功率与声功率级、频率或频谱、响度与响度级、计权声级等，这些指标是目前常用的噪声评价量。考虑到各种噪声源和噪声的特性、人们的主观感觉以及对不同工作条件、对象和环境及噪声控制的要求，本章还将介绍其他一些常用的噪声评价量及评价方法。

6.1.1　噪声评价曲线(NR 曲线)

噪声对人们的危害程度主要取决于噪声的强度、频率和作用时间。A 声级是单一的数值，综合反映了噪声的所有频率成分，在噪声测量中应用广泛。但如果想较为准确地确定各倍频程的噪声值，则应采用噪声评价曲线，也称

NR 曲线。

NR 曲线是国际标准化组织(ISO)推荐使用的一组噪声评价曲线,如图 6-1 所示。其适用范围广泛,不仅可用于评定各类建筑空间的噪声等级,尤其适用于评定环境噪声等级和工业噪声等级,而且经常被设备制造商用来评定机械设备的噪声等级。

NR 曲线的各倍频带允许的声压级(L_P)与噪声评价数(NR)的关系由下式决定:

$$NR = \frac{L_P - A}{B} \tag{6-1}$$

式中,A、B 为与各倍频声压带有关的常数(见表 6-1)。

表 6-1　NR 曲线与各倍频带声压级有关的常数

	倍频带中心频率/Hz								
	31.5	63	125	250	500	1 000	2 000	4 000	8 000
A	55.4	35.5	22	12	4.8	0	-3.5	-6.1	-8
B	0.68	0.79	0.87	0.93	0.97	1	1.02	1.03	1.03

在每一条 NR 曲线上,中心频率为 1 000 Hz 的倍频带声压级等于噪声评价数 NR 值。NR 曲线噪声评价方法采用"相切法"(tangency method)确定噪声的 NR 值,具体如下:先测量各个倍频带声压级,再把倍频带噪声谱合在 NR 曲线上,以与频谱相切的最高 NR 曲线为该噪声的 NR 噪声等级,表示为 NR-X。

如图 6-1 所示,假设 31.5~4 000 Hz 8 个倍频带声压级依次为 75、68、65、58、50、45、44、35 dB,把这 8 个倍频带噪声值合在 NR 曲线图上,与该噪声频谱相切的最高 NR 曲线为 NR-49,相切点出现在 125 Hz 处,表示该噪声的噪声等级为 NR-49。

大量的测量结果表明,用 A 声级估计的噪声引起的听力损失,与采用噪声评价数(NR)估计的结果同样精确,所以后来 ISO 和国际公布的噪声标准

都是以 A 声级作为评价指标。A 声级与 NR 的换算关系为

$$NR = L_A - 5 \qquad (6\text{-}2)$$

如 NR＝85 dB,则 A 声级为 90 dB。

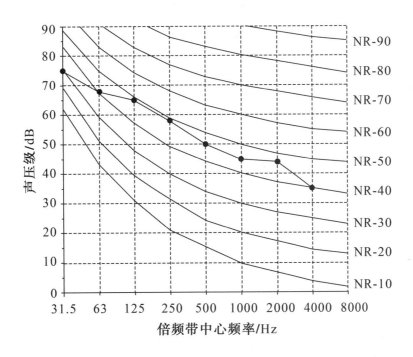

图 6-1　NR 曲线

　　NR 曲线主要有两种用途。一种用途是对某种噪声环境,主要是室内环境进行评价。其方法是将一组要评价的噪声测得的各频带声压级标在 NR 曲线图上,在各个倍频程带声压级所对应的噪声评价值中选取其最大值再加上 1,即为该噪声的 NR 值。

　　NR 曲线的另一种用途是室内环境噪声的控制和设计,即采用噪声频谱进行比较,以判断是否符合噪声容许标准的规定。若噪声的倍频程声压级没有超过容许评价曲线,则被认为符合标准规定。例如各类厅堂的音质设计,公共场所、宾馆、旅店等的噪声控制,可以设定室内环境噪声不高于第几号 NR 曲线。但有些标准只规定 A 声级限制,因此在进行噪声控制和设计时,可以按比允许的 A 声级值低 5 dB 的 NR 曲线来对各个倍频程带进行控制。例

如,某场所要求噪声低于 55 dB,则可以按 NR-50 号曲线所对应的各倍频程带声压级进行设计,即 63 Hz 不超过 75 dB,125 Hz 不超过 66 dB,250 Hz 不超过 53 dB,500 Hz 不超过 54 dB,1 kHz 不超过 50 dB,2 kHz 不超过 47 dB,4 kHz 不超过 46 dB,8 kHz 不超过 44 dB。

6.1.2 等效连续声级(L_{eq})

对于稳态噪声,A 声级是一种较好的评价方法。但对于非稳态噪声,A 声级很难确切地反映噪声的状态。因此,人们提出了用噪声能量平均值的方法来评价非稳态噪声对人的影响,即等效连续声级(L_{eq}),它是指测定时间内声级的能量的平均值。其定义式为

$$L_{eq} = 10\lg\left[\frac{1}{T}\int_0^T 10^{0.1L_i}\,\mathrm{d}t\right] \tag{6-3}$$

式中,T 为这些时间段的时间总和(s),L_i 为 i 时刻的瞬时声级(dB)。

实际计算公式为

$$L_{eq} = 10\lg\left[\frac{1}{T}\sum_{i=1}^n t_i \cdot 10^{0.1L_i}\right] \tag{6-4}$$

式中,t_i 为第 i 时间段的噪声影响时间(s)。

下面举例说明 L_{eq} 的计算方法。某电厂发电机房的操作人员每天工作 8 小时,其中,操作人员在机组附近巡回检查 2 小时,此处噪声级为 105 dB;在观察室工作 4 小时,室内噪声级为 75 dB;其他时间在噪声级为 65 dB 以下的环境中工作。由此可得出该操作人员每天接触的噪声级为

$$L_{eq} = 10\lg\frac{1}{T}\sum_{i=1}^n t_i \cdot 10^{0.1L_i}$$

$$= 10\lg\left[\frac{1}{8}(10^{0.1\times105}\times2 + 10^{0.1\times75}\times4 + 10^{0.1\times65}\times2)\right]$$

$$= 99(\mathrm{dB})$$

从等效连续声级的定义中不难看出,对于连续的稳态噪声,等效连续声级即等于所测得的 A 声级。由于较为简单,易于理解,而且又与人的主观反应有较好的相关性,等效连续声级目前已成为许多国际、国内标准所采用的评价量。

6.1.3 语言干扰级(SIL)

语言清晰度考察的是听音人正确识别发音人发出的语言单位(句、词或音节)的比率。经过实验测得的听音人对音节所做出的正确响应与发音人发出的音节总数之比的百分数,称为音节清晰度(S)。若该音节为有意义的语言单位,则称为语言可懂度,即语言清晰度指数(AI)。语言清晰度指数与声音的频率 f 有关,高频声比低频声的语言清晰度指数要高。此外,语言清晰度指数还与背景噪声以及对话者之间的距离有关(见图 6-2)。95%的清晰度通常对于可靠的通信是允许的,因为在正常的对话中,少数听不清的词也能推测出来。

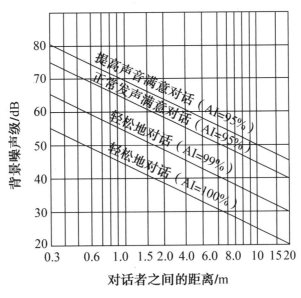

图 6-2 语言清晰度指数与背景噪声以及对话者之间距离的关系

由图 6-2 可以看出,如果讲话者离开 6 m,即使大声喊叫,语言通信也是困难的。但如果讲话者与听者之间的距离在 0.3 m 以内,即使在本底噪声大的环境中,使用正常的声音讲话,语言通信也是有效的。由此还可以看出,对于住宅和教室中相距 4.5～6 m 的对话者,如果要使语言通信接近于正常状态,则本底噪声的 A 计权声级必须在 50 dB 以下。

语言干扰级(Speech Interference Level,SIL)是对语言清晰度指数的简易转换,由白瑞纳克(Beranek)提出,最初主要被用于飞机客舱噪声的评价,现已得到广泛应用。SIL 是 600～4 800 Hz 之间三个倍频带声压级的算术平均值。借助于每一个 SIL 值,即对于不同的讲话者与听者之间的距离,可以确定为保证通信可靠而需要的语言声级。

图 6-3 所示为语言通信质量与三种不同发声状况稳态本底噪声 A 声级、对话者之间距离的关系。

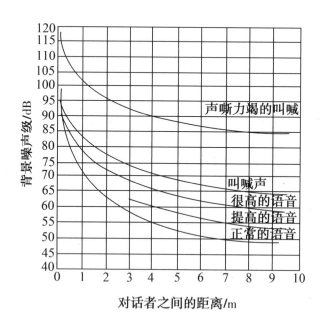

图 6-3　语言通信质量与本底噪声以及对话者之间距离的关系

6.1.4　累计百分数声级 L_N（L_{10}、L_{50} 和 L_{90}）

在现实生活中,许多噪声都不是稳态的,这类噪声不能简单地用 A 声级表示,而需要用噪声级出现的概率或累积概率来表示。目前主要采用累积概率的统计方法,即采用累积百分数声级 L_N 表示。

L_N 表示 $N\%$ 的测量时间所超过的噪声级。最常见的 L_N 有 L_{10}、L_{50} 和 L_{90},其含义分别如下:

L_{10}——在测量时间内有 10% 的时间 A 声级超过的值,相当于噪声级的平均峰值;

L_{50}——在测量时间内有 50% 的时间 A 声级超过的值,相当于噪声级的平均中值;

L_{90}——在测量时间内有 90% 的时间 A 声级超过的值,相当于噪声级的平均本底值。

例如,$L_{10} = 70$ dB 表示在整个测量期内,有 10% 的时间噪声级超过 70 dB,其余 90% 的时间内噪声级低于 70 dB。同理,$L_{50} = 60$ dB 表示在整个测量期内,有 50% 的时间噪声级超过 60 dB,其余 50% 的时间内噪声级低于 60 dB。$L_{90} = 50$ dB 表示在整个测量期内,有 90% 的时间噪声级超过 50 dB,只有 10% 的时间噪声级低于 50 dB。

6.1.5　噪声污染级

从不同噪声对人的干扰程度来讲,起伏变化的噪声对人的影响更大。等效声级是从能量平均值的角度来评价噪声,而噪声污染级是综合能量平均值和起伏变化特性两者的影响给出的对噪声的评价量。噪声污染级记为 L_{NP},单位为 dB,定义式为

$$L_{NP} = L_{eq} + K\sigma \qquad (6-5)$$

式中，L_{eq} 为等效声级（dB）；K 为常数，对于交通和飞机噪声，K 的取值为 2.56；σ 为测定过程中瞬时声级的标准偏差（dB）。在噪声污染级的表达式中，第一项取决于噪声能量，累积了各个噪声在总的噪声暴露中所占的比例；第二项取决于噪声事件的持续时间，起伏大的噪声 $K\sigma$ 项也大，对噪声污染级的影响也大，对人的干扰也更大。

若噪声服从高斯分布，则

$$L_{NP} = L_{50} + (L_{10} - L_{90}) + \frac{(L_{10} - L_{90})^2}{60} \qquad (6-6)$$

式中，L_{10}、L_{50}、L_{90} 分别表示在整个测量期内，有 10％、50％、90％ 的时间超过的 A 声级值。尽管噪声污染级并不能说明噪声环境中许多较小的起伏和一个大的起伏（如脉冲声）对人影响的区别，但它对许多公共噪声的评价，如道路交通噪声、航空噪声以及公共场所的噪声等是非常适用的，并且它与噪声暴露的物理测量具有很好的一致性。

6.1.6　感觉噪声级

同样响度的声音使人感到烦恼的程度并不完全一致，人们对于频带宽度较窄的、断断续续的、频率高的和突发的噪声，特别容易感到烦躁不安。感觉噪声级是根据噪声的"烦恼度"而不是根据"响度"进行主观分析而做出的对噪声的评价数值。

与人们主观判断的噪声的吵闹程度成比例的数值量称为噪度，用 N_n 表示，单位为呐（noy）。噪度的定义为在中心频率为 1 kHz 的倍频带上，声压级为 40 dB 的噪声的噪度为 1 noy。噪度为 3 noy 的噪声听起来是噪度为 1 noy 的噪声的 3 倍"吵闹"。

克雷特（Kryter）根据反复的主观调查得出了类似于等响曲线的等感觉噪度曲线（见图 6-4）。图中，同一呐值曲线的感觉噪度相同。复合噪声总的感

觉噪度的计算方法为：根据各频带声压级（1/1 倍频带或 1/3 倍频带），从图
6-4中查出各频带对应的感觉噪度值；找出感觉噪度值中的最大值（N_m），将各
频带噪度总和中扣除最大值（N_m），再乘以相应频带计权因子（F），最后与
N_m相加，即为复合噪声的响度 N_n。用数学表达式可表示为

$$N_n = N_m + F \cdot (\sum_{i=1}^{n} N_i - N_m)$$ （6-7）

式中，N_m 为最大感觉噪度（noy）；F 为频带计权因子，1/1 倍频程时为 1，1/3
倍频程时为 1/2；N_i 为第 i 个频带的噪度（noy）。

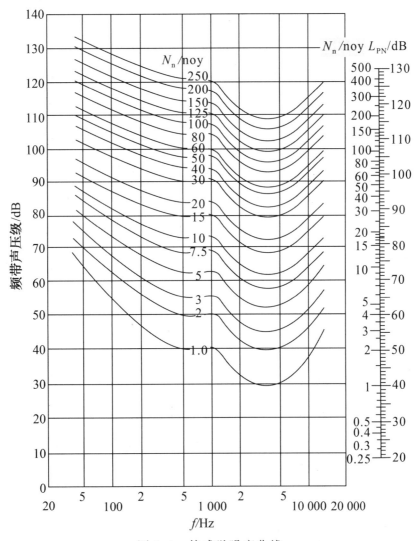

图 6-4　等感觉噪度曲线

将噪度转换成分贝指标,称为感觉噪声级,用 L_{PN} 表示,单位为 dB。噪度与感觉噪声级之间可由图 6-4 右侧的列线图转换。当感觉噪度呐值每增加 1 倍时,感觉噪声级增加 10 dB。它们之间也可通过以下关系式换算:

$$L_{PN} = 40 + 10 \log_2 N_n \tag{6-8}$$

6.1.7 交通噪声指数

道路交通噪声是一种随时间随机变化的噪声,可通过交通噪声指数(TNI)这一重要参量进行评价。TNI 的单位为 dB,定义为

$$TNI = L_{90} + 4(L_{10} - L_{90}) - 30 \tag{6-9}$$

式中,第一项表示"噪声气候"的范围,说明噪声的起伏变化程度;第二项表示本底噪声状况;第三项是为了获得比较习惯的数值而引入的调节量。可见,TNI 与噪声的起伏变化有很大的关系,噪声的涨落对人影响的加权数为 4,这在与主观反应相关性测试中获得了较好的相关系数。

TNI 评价量只适用于机动车辆噪声对周围环境干扰的评价,而且限于车流量较多及附近无固定声源的环境。对于车流量较少的环境,L_{10} 和 L_{90} 的差值较大,得到的 TNI 值也很大,使计算数值明显地夸大了噪声的干扰程度。

6.1.8 昼夜等效声级

噪声在夜间对人的干扰程度通常比白天大,尤其是对睡眠方面的干扰。为了把不同时间的噪声对人的干扰程度不同这一特点考虑进去,人们提出了昼夜等效声级(L_{dn})的概念,即在计算一天 24 小时的等效声级时,要对夜间的噪声级增加 10 dB 来处理。

昼夜等效声级的计算公式为

$$L_{dn} = 10\lg\left\{\frac{1}{24}\left[16 \times 10^{0.1L_d} + 8 \times 10^{0.1(L_n+10)}\right]\right\} \tag{6-10}$$

式中，L_d 为昼间（6：00—22：00）的等效噪声级（dB）；L_n 为夜间（22：00—次日 6：00）的等效噪声级（dB）。

上述各种对噪声的评价方法，除响度级和响度外，其余通常测量的都是 A 声级。A 声级、等效连续声级、累积百分数声级、交通噪声指数、噪声污染级、昼夜等效声级是讨论环境噪声问题时经常遇到的评价量。NR 曲线、语言干扰级是主要用来评价室内环境噪声的方法。

6.2　噪声标准

噪声控制不仅是保护人们工作与生活环境的一个重要方面，也是机电产品质量的评价指标之一。

中国和其他国家颁布了很多噪声标准。中国现行的国家标准包括《声环境质量标准》（GB 3096—2008）、《社会生活环境噪声排放标准》（GB 22337—2008）、《机场周围飞机噪声环境标准》（GB 9660—88）、《工业企业厂界环境噪声排放标准》（GB 12348—2008）、《建筑施工场界环境噪声排放标准》（GB 12523—2011）、《铁路边界噪声限值及其测量方法》（GB 12525—90）等。其中，《声环境质量标准》规定了五类声环境功能区的环境噪声限值及测量方法，适用于声环境质量评价与管理，但不适用于评价机场周围区域受飞机通过（起飞、降落、低空飞越）噪声的影响。《社会生活环境噪声排放标准》规定了营业性文化场所和商业经营活动中可能产生环境噪声污染的设备、设施边界噪声排放限值和测量方法，适用于其产生噪声的管理、评价和控制。

6.3　噪声测量系统和仪器

噪声的测量是用科学的声学测量手段，获得描写环境噪声特征参量的技术过程。这个测量过程包括了解测量对象、明确测量目的、熟悉测量内容、选用测量仪器、按照规定的方法进行噪声测量;同时,要做好测量记录,并进行必要的数据处理。

6.3.1 噪声测量系统

在对噪声进行测量和分析时,可根据不同的测量目的和要求选择不同的测量仪器和测量方法。

噪声测量是在声场中指定的位置或区域内进行的。测量时,所使用的声学仪器应当满足测量目标的精度要求。噪声测量仪器虽然品种繁多,精度与性能各异,但各类仪器的基本组成是相同的,测量和分析的流程也大致相同,几乎都可以用图 6-5 来表示。一个噪声测量系统基本包含三大部分:接收部分、信号处理部分和分析记录部分。其中,常用的设备有传声器、声级计和分析仪等。声源由传声器接受,由声级计直接测量并读出声级。声级计可以外接滤波器和记录仪,通过采用分析仪或声级记录仪进行处理,从而确定噪声的频谱特性曲线,便于对噪声进行分析研究。

图 6-5 噪声测量和分析流程

6.3.2 声级计

声级计是一种基本的噪声测量仪器,它除了能单独测量声级外,还可以与相应的仪器配套进行频谱分析。

国际电工委员会通过的《声级计》(IEC 651)标准和中国制定的《声级计的

电、声性能及测试方法》(GB 3785—83)中,均将声级计的精度等级分为 0、1、2、3 型四类。在环境噪声测量中,主要使用 1 型(精密声级计)和 2 型(普通声级计)。

精密声级计的频率范围为 20～12 500 Hz,普通声级计的频率范围为20～860 Hz。国产的 ND2 型为精密声级计。测量脉冲噪声时,需使用脉冲声级计,如丹麦必凯(B&K)公司的 2209 型、2210 型声级计。

声级计由传声器、放大器、衰减器、计权网络、检波器和指示表头等部分组成。其结构框图如图 6-6 所示。

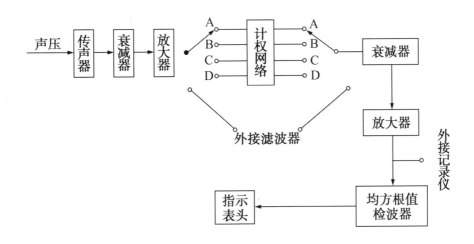

图 6-6　声级计的结构框图

图中,传声器的功能是把声音转换成电信号。前置放大器主要解决阻抗匹配问题,把电容传声器的高阻抗变为低阻抗输出。放大器是实现声级计内部电压放大的装置。一般外界声音通过传声器后将转换为电信号,这种信号很微弱,需要在声级计内部安装低噪声、宽频带的放大器,将微弱的信号加以放大,再经过均方根检波后变为直流,通过直流表头可读出声压的有效值。通过调节不同的衰减挡,可以读取不同的声压级数值。

计权网络是根据人耳对声音的频率响应特性设计的,它参考等响度曲线设置了 A、B、C、D 四种,其中 D 计权网络是专门为测量飞机噪声设计的。

声级计按表头响应的灵敏度一般分为"快""慢"两挡。"慢"挡表头时间常数为 1 000 ms，一般用于测量稳态噪声；"快"挡表头时间常数为 125 ms，一般用于测量波动较大的非稳态噪声和交通运输噪声等。

测量脉冲噪声的脉冲声级计，除了"快""慢"两挡外，还有"脉冲""脉冲保持"和"峰值保持"挡。"脉冲"和"脉冲保持"挡表针上升时间为 35 ms，用于测量持续时间较长的脉冲噪声。"峰值保持"挡表针上升时间小于 20 ms，可以测量持续时间很短的脉冲噪声。

在噪声测量中，一般采用 A 声级。如果要对噪声的频谱特性进行详细分析，可匹配倍频程、1/3 倍频程滤波器。

6.3.3　传声器

在噪声测量中，传声器是声级计的一个重要部件，因为声学测量的精确度主要依赖于传声器的性能，仪器的频率响应、灵敏度、指向性和测量范围等也主要取决于传声器。所以，在测量中要求传声器的频率范围宽、频响平坦、灵敏度高、失真小、动态范围大、稳定性好。在声级计中，最常用于精确测量的声压传感器是电容传声器，其次是压电传声器。之所以采用这两种传声器，是因为它们具有均匀的频响和长期稳定的灵敏度。电容传声器通常可提供最准确和最一致的测量结果，但是电容传声器的制作成本比压电传声器大很多。

6.3.3.1　电容传声器

电容传声器由一个非常薄的张紧金属膜（或涂金属的塑料膜片）和与其相距很近的后极板组成。膜片和后极板相互绝缘，构成一个电容器。当薄膜由于声压变化而弯曲振动时，将导致电容量的变化转变为电信号。电容传声器的结构原理和等效电路如图 6-7 所示。

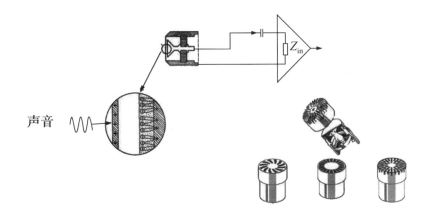

图 6-7　电容传声器的结构原理和等效电路

电容传声器是目前较为理想的一种传声器,其灵敏度高,一般为 10～50 mV/Pa;在很宽的频率范围内,从 10 Hz 到 20 000 Hz,频率响应平直,稳定性良好,可在温度为－50～150 ℃、相对湿度为 0～100% 的范围内使用;还具有体积小的特点。一般精密声级计都配用电容传声器。

6.3.3.2　驻极体电容传声器

驻极体电容传声器是一种利用驻极体材料做成的电容传声器,主要结构形式有两种:一种是用驻极体高分子薄膜材料做振膜;另一种是用驻极体材料做后极板。因为驻极体本身带电,所以这种传声器无须外部笨重的极化电源,从而简化了电容传声器的结构。驻极体传声器的电声性能较好,抗振能力强,容易小型化,因此被广泛应用于一般录音机,特别是盒式录音机中。

6.3.3.3　压电传声器

压电传声器又称晶体传声器,是利用某些晶体所具有的压电性质来完成声电转换的传感器。压电效应是指压电晶体在一定方向上受到外力作用而变形时,内部会产生极化现象,同时在其表面上产生电荷。因此,压电传声器所使用的换能元件是用压电晶体在某一方向的切片制成的。当切片受声波作用而变形时,会在切片两侧产生电量相等的异性电荷,形成一个电势差。

压电传声器的结构如图 6-8 所示。

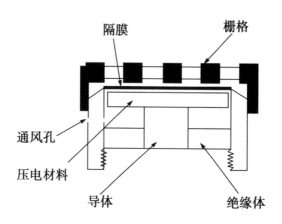

图 6-8 压电传感器的结构

6.3.3.4 表面传声器

　　表面传声器实质上是压电传声器的一种,但其结构与传统的压电传声器不一样。图 6-9 所示为一些表面传声器的实物图。传统的压电传声器一般具有圆柱状的探头,连接前置放大器后,整个探头将具有一定的长度。表面传声器的探头则是薄片形,它将传声器和前置放大器集成到一个圆形薄片上,其体积与厚度都远小于传统的压电传声器。表面传声器是为了克服一些极端的实验环境而开发出来的新型传声器,主要被应用在航天、汽车等需要进行固体表面声压级测试的工业领域。

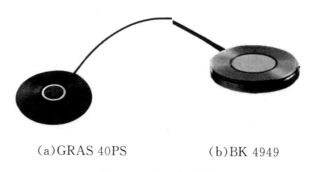

(a)GRAS 40PS　　　　　　(b)BK 4949

图 6-9 表面传感器

　　此外,传声器在声场中会引起声波的散射作用,特别是会使高频段的频率响应受到明显影响。这种影响随声波入射方向的不同而变化。根据传声器在声场中的频率响应不同,一般可将传声器分为声场型(自由场和扩散场)传声器和压强型传声器。测量正入射声波(声波传播方向垂直于传声器膜片)取自由场型传声器较好,对无规入射声波应采用扩散场型或压强型传声器。在使用声级计时,对其所配用的传声器的性能应有所了解,并正确掌握传声器的使用条件,测量前要对传声器进行校准。在使用过程中要细心保护,以保证测量的顺利进行和获得可靠的数据。

在使用电容传声器进行测量时,通常应使用下面一些附件:

(1)无规入射校正器:如果被测声音来自几个方向,为了改善传声器的全方向性,可将电容传声器极头上的正常保护栅旋下,旋上无规入射校正器。

(2)防风罩:在室外测量时,为了避免风速对测量结果的影响,应在传声器上安装一个防风罩。

(3)鼻锥:当传声器受高速风及气流影响时,将会因涡流而产生噪声。这时,可以用鼻锥来降低风动噪声的影响。

(4)延伸杆:加用延伸杆可使传声器离人体更远,以减少人体对测量结果的影响。

(5)延伸电缆:当传声器需要延伸到远距离外测量时,可用一种屏蔽电缆连接电容传声器和声级计。一般屏蔽电缆的长度为几米至几十米,加接延长电缆时要考虑对附加衰减的修正。

6.3.4　频谱分析仪

频谱分析仪除了可以分析振动信号,也可以分析噪声信号,其通常分为两种:一种是恒定带宽的分析仪,另一种是恒定百分比带宽的分析仪。

恒定带宽分析仪在2~200 kHz 范围内,具有 3.15、10、31.5、100、315 和 1 000 Hz六种固定带宽。这种分析仪具有频率选择性强的特点,尤其是在高频段更为突出,因此,适用于对产品噪声等进行精确分析,但要求所分析的噪声频率必须十分稳定,否则会造成误差。

一般噪声测量使用恒定百分比带宽的分析仪,在高频范围内用这种分析仪,可比使用恒定带宽分析仪时的读数次数减少若干次。一般噪声测量常用1/1倍频程和1/3倍频程滤波器。如果要对声源的频率成分进行更详细的分析,也可用窄带频率分析仪。

上述两种分析仪器都是扫频式的,即被分析的信号在某一时刻只通过一个滤波器,故这种分析是逐个频率点分析的,只适用于分析稳定的连续噪声。对于瞬时的噪声,若用这种分析仪时,必须选用记录仪将信号记录下来,然后连续重放,直至形成一个连续的信号再进行分析。

实时频谱分析仪能在整个分析范围内,即时显示所有滤波器分析的数据,使被测信号的强度和频谱变化在发生的当时即被观测到。采用快速傅里叶变换技术的实时频谱分析仪,可对信号进行恒定带宽、窄带分析,适用于分析连续和瞬态信号,在显示被测信号的即时频谱和平均频谱的同时,还能显示时间函数。

6.4 噪声测量方法

噪声控制是研究如何获得"可允许"的环境噪声的工程技术。"可允许"的环境噪声应该有一个客观标准,这就涉及噪声评价参数与评价标准问题。关于噪声问题,除了有关的行政措施、社会措施外,主要内容是如何减轻和防止噪声污染。为了了解现场实际情况,为噪声控制提供分析依据,评价噪声的控制效果,首先必须按照有关国家标准或国际标准进行正确的测量。

6.4.1 噪声测量方法的选择

大部分噪声问题可分为两类:一类主要是确定噪声源所辐射的噪声大小

和特性,测量的目的是确定某些物理量,如在一定点处的声压级或者声源的声功率级。噪声的特性可通过频谱和声级与时间的关系以及声场的特性来描述。另一类主要是噪声对人们影响的评价和预测问题,对于这类问题,噪声测量的目的是得到一个能够表示噪声对人们的刺激和影响的关系的量。这种测量考虑人的主观感觉和效应。

另外,实际遇到的噪声可按其特性分类如下:按其频谱特征可分为连续谱和具有可听单频的频谱;按其声级与时间的关系可分为稳态噪声、非稳定噪声、间歇噪声、脉冲噪声等。

因此,对噪声进行测量时要根据上述噪声问题和噪声的性质以及对噪声研究所需要的准确性程度,选用适合的测量方法。

6.4.2　测量前的准备工作

在进行测量前,要选用合适的测量仪器,并对仪器进行检查和校正。例如,在噪声现场测量时,对于常用的仪器,如声级计和倍频程滤波器,要检查其是否正常、配件是否齐全。声级计使用电池供电,应检查电池电压是否满足要求,不满足要求时要进行更换。电容传声器使用前要进行校准。

6.4.3　测量条件

在测量过程中,首先要考虑测量的条件是否受干扰。无论是室内还是室外测量,首先要消除本底噪声的影响。本底噪声是指被测的噪声源停止发声后的周围环境噪声。在现场测量前,首先要测量环境噪声及其各倍频程声压级,再在同一位置上测量噪声源的声级。如果声源的噪声级与本底噪声相差10 dB 以上,这时本底噪声的影响可忽略不计;如果二者相差小于 3 dB,则测量结果无意义。

其次要注意反射声的影响。当传声器或声源附近有较大的反射物时,会因反射物的加强而产生测量误差。因此,在噪声测量选点时,应尽量把传声器放在远离反射物的地方。

此外,还要考虑外界其他因素的影响,如风或气流、温度、湿度、电磁场等都会影响噪声测量结果的准确性。

6.4.4 测点选择

传声器放置的位置不同时,对同一个声源所测的结果也不相同。对于不同的测量目的,选点的要求也不相同。

如果是研究噪声对职工健康的影响,可以把测点选在操作人员经常所在的位置,以人耳高度为准,选择数个点。

如果是测量某个机组或机器的噪声级或频谱,则传声器离机组的距离与机组本身尺寸的大小有关。

为了统一起见,国内及国际上都制定了噪声测量的标准。这些标准中不仅规定了噪声测量的方法,也规定了使用声级计的技术要求。

6.4.5 噪声测量的步骤

噪声测量的一般步骤可概括如下:

(1)要清楚测量的目的:是仅为了得到一个简单的声级,还是要为后续的噪声控制提供资料;对于后续可能的噪声控制方法,是仅用窄带分析就能得出结论,还是需要以后在实验室内进行复杂的分析。

(2)要清楚测量的方法和标准,了解所需仪器系统的精度以及测量技术和测量现场的布置等方面的相关标准。

(3)要了解噪声源的基本情况:所要测量的是何种类型的噪声,是否需要统计数值的变化,是否含有显著的纯音。

(4)选择最合适的仪器系统。

(5)对选择的仪器系统进行检验和校准。

(6)绘一张所用仪器连接的草图并记下所有仪器的参考号码。

(7)对测量情况、声源位置、传声器、反射情况或主要表面等进行简要的说明。

(8)记录下气象条件,包括风向和风力强弱、温度、湿度等。

(9)检验一下背景噪声级、总声级等。

(10)进行噪声的测量,记下有关设备的调节位置,如"dB(A)""快"等。

(11)对于仪器调节位置的变动和任何特别事件都要做记录。

第7章 光辐射测量与评价

7.1 光辐射测量原理

许多光电探测器都是由半导体材料制作的。半导体材料是一类具有半导体性能，可用来制作半导体器件和集成电路的电子材料，具有独特的物理性质。下面首先介绍半导体的理论基础。

7.1.1 能带理论

能带理论(energy band theory)是讨论晶体(包括金属、绝缘体和半导体的晶体)中电子的状态及其运动的一种重要的近似理论。它把晶体中每个电子的运动看成是独立的在一个等效势场中的运动，即单电子近似的理论。

能带理论认为，晶体中的电子是在整个晶体内运动的共有化电子，并且共有化电子是在晶体周期性的势场中运动。

固体的能带的形成是通过原子之间的相互作用实现的。当若干个原子相互靠近时，由于彼此之间的力的作用，原子的原有能级发生分裂，由一条变成多条，这些能级间隔很小，可近似看成是连续的，即形成了能带。价带通常是指半导体或绝缘体中，在 0 K 时能被电子占满的最高能带。导带是由自由电子形成的能量空间,即固体结构内自由运动的电子所具有的能量范围。禁带常用来表示价带和导带之间的能态密度为零的能量区间。价带顶与导带底之间的能量差,就是所谓的半导体的禁带宽度。

固体的导电性能由其能带结构决定。对一价金属,价带是未满带,故能导电。对二价金属,价带是满带,但禁带宽度为零,价带与较高的空带相交叠,满带中的电子能占据空带,因而也能导电。绝缘体和半导体的能带结构相似,价带为满带,价带与空带间存在禁带。半导体的禁带宽度为 $0.1 \sim$ 4 eV,绝缘体的禁带宽度为 $4 \sim 7$ eV。在任何温度下,由于热运动,满带中的电子总会有一些具有足够的能量激发到空带中,使之成为导带。由于绝缘体的禁带宽度较大,常温下从满带激发到空带的电子数是微不足道的,宏观上表现为导电性差。半导体的禁带宽度较小,满带中的电子只需较小的能量就能激发到空带中,宏观上表现为有较大的电导率。

单原子与多原子的能带差异以及绝缘体、半导体与金属的能带差异分别如图 7-1 和图 7-2 所示。因此,半导体具有独特的光电特性。

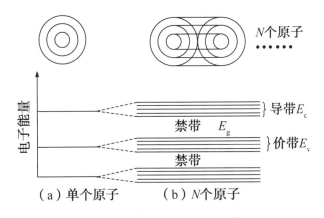

图 7-1　单原子与多原子的能带差异

图 7-2　绝缘体、半导体与金属的能带差异

7.1.2　热平衡状态下的载流子

在物理学中,载流子指可以自由移动的带有电荷的物质微粒,如电子和离子。在半导体物理学中,电子流失导致共价键上留下的空位(空穴引)被视为载流子。金属中的载流子为电子。半导体中有两种载流子,即电子和空穴。载流子在电场作用下能做定向运动。

对于一个不受外界影响的封闭系统而言,其状态参量(如温度、载流子浓度等)与时间无关的状态称为热平衡态。

载流子的分布分为导带中电子的浓度和价带中空穴的浓度。在热平衡条件下,能量为 E 的能级被电子占据的概率为

$$f_n(E) = \frac{1}{1 + \exp\left[\dfrac{E - E_f}{kT}\right]} \tag{7-1}$$

式中,E_f 为费米能级,其物理意义是电子占据率为 5% 时所对应的能级;k 为玻尔兹曼常数;T 为热力学温度。

空穴占据的概率为 $1 - f_n(E)$。

7.1.3　半导体对光的吸收

半导体吸收光子的能量使价带中的电子激发到导带,在价带中留下空穴,产生电子-空穴对的现象叫作本征吸收。本征吸收是指在价带和导带之间电子的跃迁产生与自由原子的线吸收谱相当的晶体吸收谱,它决定着半导体的光学性质。本征吸收最明显的特点是具有基本的吸收边(吸收系数陡峭增大的波长),这也是半导体以及绝缘体光谱与金属光谱的主要不同之处,它标志着低能透明区与高能强吸收区之间的边界。基本吸收边由能量带隙(即禁带宽度)决定。非本征吸收包括杂质吸收、自由载流子吸收、激子吸收和晶

格吸收。

产生本征吸收的条件是入射光子的能量($h\nu$)至少等于材料的禁带宽度(E_g)。

半导体对光的吸收主要是本征吸收。对于硅材料而言,本征吸收的吸收系数比非本征吸收的吸收系数要大几十倍,甚至几万倍。一般照明下只考虑本征吸收,可认为硅对波长大于 1.15 μm 的可见光透明。

7.2　测量仪器

由前面的介绍可知,半导体材料是光电探测器的重要候选材料,在光辐射测量领域得到了广泛的应用。半导体光电探测器可以对物体的辐射能量分布、光谱强度和光学特性等参数进行检测和分析,为科研、工业应用、环境监测等领域提供支持和保障。本节着重介绍光度导轨、积分球、单色仪、分光光度计、光谱辐射计等光辐射测量仪器。

7.2.1　光度导轨

在光度导轨上用标准光源来标定待测光源、探测器和光辐射测量系统,仍是光辐射测量中最常用而且精确、可靠的装置之一。光度导轨和一般导轨的主要区别在于它有精确的轴向距离刻度和标尺,可使部件之间的轴向位置对准,且在部件相对移动时仍能使它们之间保持对准关系,精确确定测量部件之间的轴向距离。光度导轨的具体结构如图 7-3 所示。

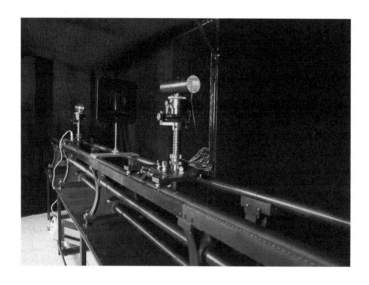

图 7-3　光度导轨

　　光度导轨的测量精度是通过其他方法(如加中性密度滤光片改变光阑孔径等)不能实现或不能精确实现的。由于在光度导轨上调节的参数是距离,因此不会改变光源的光谱分布(不考虑中间大气的影响)。用光源加上相距一定距离的透射-漫射屏,可得到透射、漫射特性近似朗伯体的均匀辐亮度源。若改变光源至屏的距离,则光源的辐亮度值可连续、精确地变化。导轨上装有数个带精确的距离刻度的滑动架或滑动车,以便和导轨上的距离刻尺对准,提高距离读数的精度。为了增加垂直测量平面上辐照度等的变化范围,减少距离误差对测量的影响,光度导轨应尽可能长。

7.2.2　积分球

　　如图 7-4 所示,积分球是一个内壁涂有白色漫反射材料(漫反射系数接近于 1)的空腔球体,又称光度球、光通球等。球壁上开一个或几个窗孔,用作进光孔和放置光接收器件的接收孔。积分球的内壁应是良好的球面,通常要求它相对于理想球面的偏差应不大于内径的 0.2%。球内壁上喷涂的材料常用的是氧化镁或硫酸钡。氧化镁涂层在可见光谱范围内的光谱反射比都在

99％以上,这样,进入积分球的光经过内壁涂层多次反射,可以在内壁上形成均匀的照度。为了获得较高的测量准确度,积分球的开孔比应尽可能小。开孔比的定义为积分球开孔处的球面积与整个球内壁面积之比。

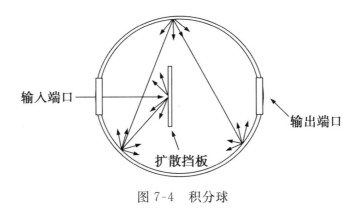

图 7-4　积分球

7.2.3　单色仪

单色仪用来将具有宽谱段辐射的光源分成一系列谱线很窄的单色光,既可将它作为一个可调波长的单色光源,也可将它作为分光器。单色仪利用色散元件(棱镜、光栅等)对不同波长的光具有不同色散角的原理,将光辐射能的光谱在空间分开,并通过入射狭缝和出射狭缝的配合,在出射狭缝处得到所要求的窄谱段光谱辐射。其中光栅单色仪(其原理图如图 7-5 所示)在科研、生产、质控等环节应用广泛,无论是穿透吸收光谱,还是荧光光谱、拉曼光谱,获得单波长辐射都是不可缺少的过程。由于现代单色仪可具有很宽的光谱范围(UV-IR)、高光谱分辨率(到 0.001 nm)、自动波长扫描、完整的电脑控制功能,极易与其他周边设备融合为高性能自动测试系统,因此使用电脑自动扫描多光栅单色仪已成为光谱研究的首选。

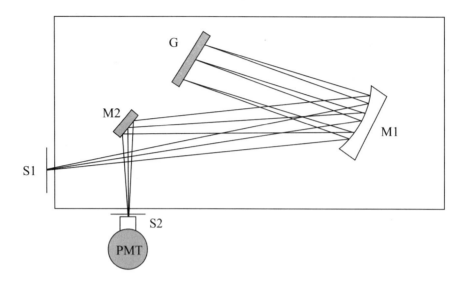

S1—入射狭缝；S2—出射狭缝；M1—离轴抛物镜；

G—闪耀光栅；M2—反光镜；PMT—光电倍增管。

图 7-5　光栅单色仪的原理示意图

7.2.4　分光光度计

分光光度计，又称光谱仪（spectrometer），是将成分复杂的光分解为光谱线的科学仪器。测量范围一般包括波长范围为 380～780 nm 的可见光区和 200～380 nm 的紫外光区。光源都有其特有的发射光谱，因此可采用不同的发光体作为仪器的光源。例如，钨灯光源所发出的 380～780 nm 波长的光谱通过三棱镜折射后，可得到由红、橙、黄、绿、蓝、靛、紫组成的连续色谱，该色谱可作为可见光分光光度计的光源。

7.2.5　光谱辐射计

光谱辐射计用于测定辐射源的光谱分布，能够同时建立目标或背景的强度、光谱特性，可对导弹羽烟光谱和强度及大气透射比进行测量。光谱辐射计一般由收集光学系统、光谱元件、探测器和电子部件等组成,类型包括傅里叶变换光谱辐射计、多探测器色散棱镜和光栅光谱辐射计、圆形渐变滤光器(CVF)低光谱分辨率光谱辐射计等。光谱辐射计既能测总能量,又能测各个波长的分光量值,但由于每测量一次所需时间较长,较难实现连续测量,且仪器价格昂贵,对环境和人员素质要求较高。

随着光谱技术应用领域的迅速扩大,各种光谱仪器的应用越来越广泛。提高光谱分辨率常受到光谱谱段变窄使光谱信号减弱、测量时间增长等因素的限制,增加了精细光谱测量的困难。尤其是在红外谱段,近十多年来发展起来的傅里叶变换光谱辐射计(简记作 FT 辐射计)、哈达玛变换光谱仪等,以光谱分辨率高、信噪比大、测量时间短等一系列优点而得到日益广泛的应用。随着新型光电探测器、信号处理技术以及计算机技术的发展,傅里叶光谱仪器的应用前景更为广阔,不仅可应用于实验室,而且可应用于航空航天的光谱测量。连续改变干涉仪的光程差,利用光电元件可以记录干涉仪中射出的可变光辐射能通量,得出干涉图函数。对干涉图作傅立叶余弦变换,就可得到任何波数的辐射光强度。

傅里叶变换光谱仪的优点包括分辨能力高、信噪比高、扫描速度极快、辐射能通量大、波数精度极高、光谱范围宽和适于微量试样的研究。

7.3　光辐射测量方法

随着照明技术的发展,特别是 LED 照明光源的出现,光源的光辐射安全问题越来越为人们所关注。本节以普通照明用 LED 产品的光辐射安全测量为例,介绍光辐射测量方法。

7.3.1　测量条件

测量条件主要围绕环境要求、供电要求、安全防护、测量设备的要求这四个方面展开,下面逐一进行介绍。

7.3.1.1 环境要求

LED 产品的测量应当在规定的条件下进行。若无规定条件,应当符合如下要求:

(1)温度:25 ℃±3 ℃;

(2)相对湿度:不超过 65%;

(3)环境光照:照度应小于 0.5 lx;

(4)环境表面反射比:应小于 10%。

7.3.1.2 供电要求

LED 产品应在稳定的电流或电压下工作,且与产品额定值的偏差应不大于 0.2%。

7.3.1.3 安全防护

在测量期间,LED 产品可能发射强的蓝光辐射,从而对操作者造成光辐射危害。在得到测量结果之前,该产品真实的光辐射危害程度是未知的。因此,操作者应做好防护措施,避免近距离、长时间直视被测量光源,尤其要避免通过光学系统直接观察测量目标。在测量过程中,操作者应离开暗室的测量区域。

7.3.1.4 测量设备的要求

(1)光谱测量设备

用于 LED 产品光辐射安全测量的光谱辐射分析仪,其光谱响应范围应覆盖光辐射危害的作用光谱范围。光谱辐射分析仪的杂散光应小于 0.3%。

对于不同危险类别的 LED 产品,其可达发射值可能相差 5 个数量级。因此,光谱辐射分析仪应具有足够宽的动态响应范围,线性度应优于0.3％。

光谱辐射分析仪的光谱响应函数(狭缝函数)应符合等腰三角形函数。对于每一波长逐步测量方式,采样波长间隔应与光谱辐射分析仪的光谱响应带宽相同,或是它的 $1/N$(N 为整数)。在 $300\sim600$ nm 波长范围内,仪器的光谱响应带宽应不大于 5 nm;在 $600\sim700$ nm 波长范围内,仪器的光谱响应带宽应不大于 10 nm。若光谱辐射分析仪的光谱响应函数偏离等腰三角形函数,则应采用更小的带宽和采样间隔。

光谱辐射分析仪的波长精度会明显影响光生物作用的加权有效辐射量,对于不同类型和配置的光谱仪,其波长精度和谱段范围存在明显差别。

(2)辐亮度测量设备

辐亮度测量用的光学部件(光学镜头、探测器、光纤等)的光谱透射、响应范围应至少覆盖 $300\sim700$ nm。

通常,辐亮度测量采用成像装置将 LED 产品的光辐射成像到探测器上,探测器可以是经过视网膜蓝光危害作用光谱修正的宽带探测器或带漫反射接收器的光谱辐射分析仪。若采用未作光谱修正的宽带探测器(或 CCD 成像仪),则辐亮度值需通过其他方法(如采用光谱辐射度法确定相应的光谱校正系数)进行修正。

辐亮度测量设备的其他要求:

①测量设备的测量接收角应该与辐射危险类别相对应的接收角(见表 7-1)一致,测量接收角偏差应不大于 3％;

②入射孔径偏差应不大于 3％;

③在不同距离测量时,测量设备的接收角和入射孔径应保持不变,最大接收角和入射孔径的变化应不超过 2％;

④测量设备的入射孔径位置应该标出,方便确定测量距离,位置精度应不低于 1 mm。

表 7-1 危险类别所对应的视场角

危害类别	视场角/rad		
	0 类危险	1 类危险	2 类危险
视网膜蓝光危害	0.11	0.011	0.011

（3）辐照度测量设备

当表观光源的对向角小于危险等级分类对应的视场角时，可以采用小光源辐照度方法。

辐照度测量设备通常由辐照度接收器和光谱辐射分析仪组成。辐照度接收器和光谱辐射分析仪的光谱响应范围应至少覆盖 300～700 nm。辐照度接收器至少在规定的测量视场角范围应具有余弦响应。

（4）校准光源

光辐射安全测量用的校准（辐照度或辐亮度）光源应满足下列要求：

①光谱范围至少覆盖 300～700 nm，在该范围的光谱分布应该是连续、平滑分布；

②辐照度或辐亮度值应该与危险类别所对应的发射限值相接近；

③在测量设备的接收（入射）孔径上，光束的不均匀度应不低于 5％；

④辐亮度校准光源的辐亮度不均匀度应小于 5％，并充满辐射亮度计的测量视场；

⑤光源的不稳定度应小于 0.5％。

使用校准光源时，发射光的方向、使用范围应与计量校准时的状态一致。测量仪器应定期进行定标，当每次测量装置（如镜头、探测器、接收光纤）变动时，应重新定标。

7.3.2　测量方法

7.3.2.1　测量要求

（1）光谱加权函数

LED 产品的光辐射安全的危险类别，是通过测量与相应危害类型光谱函数加权的辐照度和辐亮度来确定的。图 7-6 所示是视网膜蓝光危害光谱加权函数。

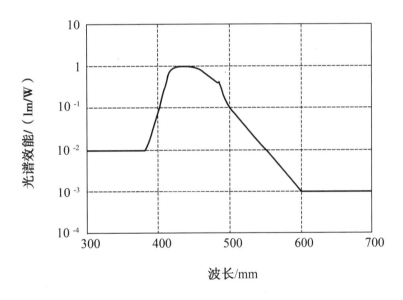

图 7-6　视网膜蓝光危害光谱加权函数

（2）测量视场

对于发光波长主要在 380～780 nm 之间的 LED 产品的光辐射，眼睛视网膜受到的辐照与视场角有关。由于眼睛的运动，在视网膜上成像的最小有效区域与观察光源的时间有关。因此，在 LED 光辐射安全测量中，辐照度和辐亮度应在相应危险类别所对应的视场角下进行测量。仪器的测量接收角应与危险类别所对应的视场角一致，参见表 7-1。

对于表面发光不均匀的 LED 产品而言,测量位置应该在其最大辐射处。在不同距离下对 LED 产品进行测量时,测量的视场角应保持恒定不变。

(3)入射(接收)孔径

在 LED 产品的光辐射安全测量中,必须选用合适的孔径光阑来限制接收的光束。测量设备的入射孔形状应该是一个圆形,辐照度和辐亮度都应在这个圆形区域内取平均值。

在与眼睛光辐射危害有关的测量中,测量系统的入射孔径应与人眼瞳孔大小相匹配,入射孔径的直径应该是 7 mm。如果测量光束均匀,则可以使用较大的孔径。

在亮度测量系统中,对于孔径光阑与单透镜重合的情况,入射孔径则为光学透镜的通光孔,如图 7-7 所示。位于光学透镜之前的孔径光阑即为入射孔径,如图 7-8 所示。位于光学透镜之后或透镜组中间的孔径光阑,入射孔径则为该孔径光阑经过其前方透镜所成的像,如图 7-9 所示。

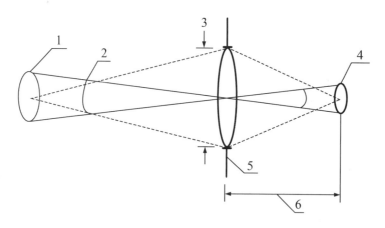

1—被测样品;2—测量视场角;3—透镜通光孔径;4—探测器视场光阑;

5—入瞳与出瞳(孔径光阑);6—透镜与探测器之间的距离。

图 7-7　入射孔径位于光学透镜上

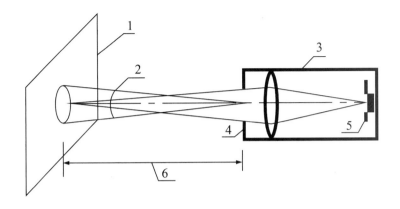

1—被测样品；2—测量视场角；3—测量系统；4—孔径光阑；

5—探测器视场光阑；6—测量距离。

图 7-8　孔径光阑位于光学透镜之前

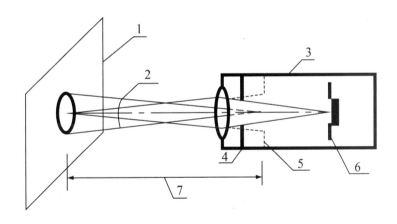

1—被测样品；2—测量视场角；3—测量系统；4—孔径光阑；

5—入射孔径；6—探测器视场光阑；7—测量距离。

图 7-9　孔径光阑位于光学透镜之后

（4）测量距离

测量距离是指从 LED 产品的表观光源到测量系统的入射孔径之间的距离。表观光源可能是实际的光源，也可能是内部发光体所成的像（包括实像和虚像）。图 7-10 所示是测量距离为 200 mm 的测量示意图，对于带透镜等光学元件的 LED 产品，表观光源是内部 LED 经透镜所成的虚像。

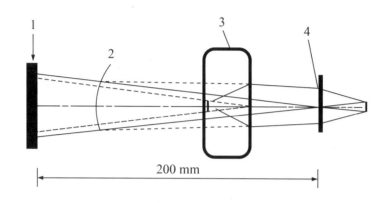

1—表观光源;2—测量视场角;3—LED产品;4—测量器的接收孔径。

图 7-10　200 mm 测量距离的测量示意图

(5)可达发射值

在光辐射安全测量中,需判别 LED 产品表观光源上最大的光辐射区域,从而测量对应可达发射的辐照度或辐亮度。对不同的危险类别进行分类,最大辐射可能对应于光源的不同区域。LED 光源辐射亮度分布示例如图 7-11 所示,应根据危险类别对应的测量视场角,从表观光源的辐亮度分布中获得最大辐亮度。

对于某些空间光束分布比较复杂的 LED 产品,需要确定空间最大的光辐射方向。

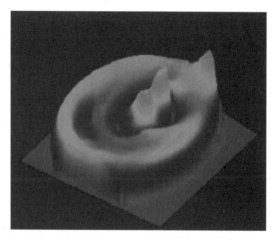

图 7-11　LED 光源辐亮度分布示例

7.3.2.2 测量过程

(1)测量步骤

根据《普通照明用 LED 产品光辐射安全要求》(GB/T 34034—2017),对于 LED 产品,需测量其视网膜蓝光危害的辐亮度或辐照度,确定其危险类别和相应的安全距离。

对于无法确定空间最大光辐射方向的 LED 产品,需先使用分布光度计测量其空间光束分布,确定其最大光辐射方向。然后将该 LED 产品定位在该方向进行测量。

预判断:采用适当的方法进行预判断。在视场角不大于 0.11 rad(200 mm 的测量距离下为 2.2 mm)的条件下,若最大亮度值(L_v)小于 10 000 cd/m²,则无须进行进一步的测量,该产品的危险类别归属于 0 类。若最大亮度值(L_v)大于 10 000 cd/m²,则采用辐亮度方法进行危害类别的评定与判断。若是小光源,则可以采用辐照度方法进行测量。

具体的测量流程如图 7-12 所示。图中 E_B 为视网膜蓝光危害辐照度,L_B 为视网膜蓝光危害辐亮度。

(2)小光源视网膜蓝光危害辐照度测量

对于小光源情况,可以采用辐照度测量方法测量 LED 产品的视网膜蓝光危害可达发射的辐照度。辐照度通常采用图 7-13 所示的测量装置进行测量,测量时应保证在一个圆锥角内接受光辐射,圆锥角的中轴线应垂直于探测器平面,并处于接收 LED 产品的最大光辐射位置。此外,在该测量视场、入射孔径范围,被测 LED 产品应处于最大的光辐射工作状态。

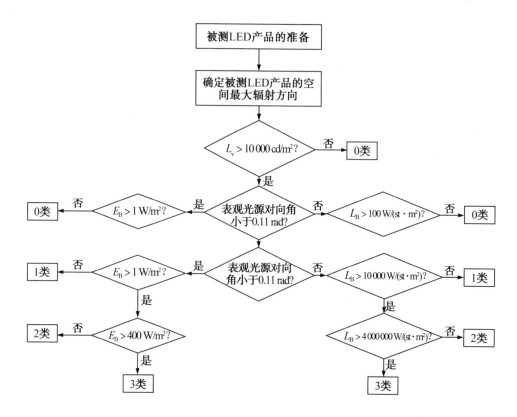

图 7-12 视网膜蓝光危害辐照度测量和评估流程

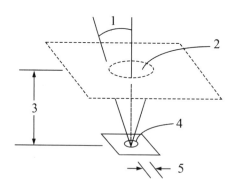

1—测量视场角；2—限制视场的孔径；3—探测器到限制光阑的距离；

4—探测器；5—探测器直径。

图 7-13 辐照度测量装置原理图

小光源视网膜蓝光危害辐照度的测量步骤如下：

①采用辐照度校准光源标定测量装置。

②将被测 LED 产品固定在相应的测试台上,按照产品实际使用中的最大辐射状态供电。对有调光控制的 LED 产品,应调节到最大光辐射输出状态。

③调整测量设备的接收孔径,以及与 LED 产品发光的表观光源之间的距离。

④使用光谱辐射分析仪测量 300~700 nm 波长范围内的光谱辐照度,并计算视网膜蓝光危害辐照度。

(3)视网膜蓝光危害辐亮度测量

辐亮度的测量通常采用图 7-7、图 7-8 和图 7-9 所示的测量装置,测量时应保证 LED 产品的光辐射通过光学镜头成像到探测器接收面上,并使被测 LED 产品处于最大的光辐射状态。可以采用成像仪等辅助装置,使探测系统接收到的辐射亮度最大。

视网膜蓝光危害辐亮度的测量步骤如下:

①采用辐亮度校准光源标定测量装置。

②将被测 LED 产品固定在相应的测试台上,并按照产品实际使用中的最大辐射状态供电。对于有调光控制的 LED 产品,应调节到最大光辐射输出状态。

③调整测量设备的入射孔径,以及与 LED 产品发光的表观光源之间的距离。

④选择与危险类别评估相对应的测量视场角。

⑤测量 300~700 nm 波长范围内的光谱辐照度,并计算视网膜蓝光危害辐亮度。

(4)数据处理

对于小光源 LED 产品,视网膜蓝光危害辐照度(E_B)由下式计算,其中光源的波长范围为 300~700 nm。

$$E_B = \sum_{300}^{700} E_\lambda \cdot B(\lambda) \cdot \Delta\lambda \qquad (7\text{-}1)$$

式中,E_B 为视网膜蓝光危害辐照度(W/m²);E_λ 为光谱辐照度([W/m² · nm]);

$B(\lambda)$ 为蓝光危害光谱加权函数；$\Delta\lambda$ 为波长带宽(nm)。

通常，LED 产品的视网膜蓝光危害辐亮度(L_B)为光谱辐亮度(L_λ)与蓝光危害光谱加权函数 $B(\lambda)$ 的积分所得的值，由下式计算，其中光源的波长范围为 $300\sim700$ nm。

$$L_B = \sum_{300}^{700} L_\lambda \cdot B(\lambda) \cdot \Delta\lambda \qquad (7\text{-}2)$$

式中，L_B 为视网膜蓝光危害辐亮度$[\mathrm{W}/(\mathrm{m}^2 \cdot \mathrm{sr})]$；$L_\lambda$ 为光谱辐亮度$[\mathrm{W}/(\mathrm{m}^2 \cdot \mathrm{sr} \cdot \mathrm{nm})]$。

(5)安全距离的测量

测量方法如下：

①对于在 200 mm 测量距离下基本危险类别评估为 0 类的 LED 产品，不需要进一步测量。

②当 LED 产品的基本危险类别为 1 类时，选择测量视场角为 0.11 rad，并选定合适的测量距离。按照上述方法，测量 LED 产品在这种评估条件下的视网膜蓝光危害辐照度(E_B)(符合小光源条件)或视网膜蓝光危害辐亮度(L_B)，通过延长距离确定被测 LED 产品的可达发射值为 0 类的发射限值时的位置。然后测量此时 LED 产品与探测器入射孔径之间的距离，该距离即为安全距离。

③当 LED 产品的基本危害等级为 2 类时，选择测量视场角为 0.011 rad，并选定合适的测量距离。按照上述方法，测量 LED 产品在这种评估条件下的视网膜蓝光危害辐照度(E_B)(符合小光源条件)或视网膜蓝光危害辐亮度(L_B)，通过延长距离确定被测 LED 产品的可达发射值为 1 类的发射限值时的位置。然后测量此时 LED 产品与探测器入射孔径之间的距离，该距离即为低危险的距离。再根据②所述方法，继续延长测量距离，确定被测 LED 产品的可达发射值为 0 类的发射限值时的位置。然后测量此时 LED 产品与探测器入射孔径之间的距离，该距离即为安全距离。安全距离测量示意图如图 7-14 所示。

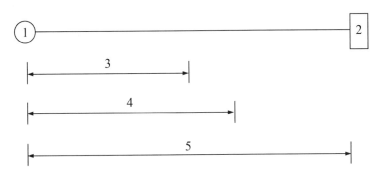

1—被测样品；2—测量设备；3—中度危险距离；

4—低危险距离；5—安全距离。

图 7-14　安全距离测量示意图

参考文献

[1]刘延柱,陈立群,陈文良. 振动力学[M]. 西安:高等教育出版社,2019.

[2]RAO S S. Mechanical Vibrations[M]. 5th Edition. United States:Pearson Education,Inc.,2011.

[3]RAO S S. Vibration of Continuous Systems[M]. United States:John Wiley & Sons,Inc.,2007.

[4]刘习军,张素侠. 工程振动测试技术[M]. 北京:机械工业出版社,2016.

[5]马大猷. 现代声学理论基础[M]. 北京:科学出版社,2004.

[6]程建春. 声学原理[M]. 北京:科学出版社,2019.

[7]马大猷,孙家麒,程明昆,等. 噪声与振动控制手册[M]. 北京:机械工业出版社,2002.

[8]洪宗辉,潘仲麟. 环境噪声控制工程[M]. 北京:高等教育出版社,2002.

[9]安毓英,李庆辉,冯喆珺. 光电子技术[M]. 北京:电子工业出版社,2016.

[10]赵远,张宇. 光电信号检测原理与技术[M]. 北京:机械工业出版社,2005.

[11]阎吉祥. 光电子学(修订版)[M]. 北京:清华大学出版社,2017.

[12]王文军,张山彪,杨兆华. 光学[M]. 北京:科学出版社,2011.

[13]黄昆,韩汝琦.固体物理学[M].北京:高等教育出版社,2005.

[14]全国光辐射安全和激光设备标准化技术委员会.普通照明用LED产品光辐射安全要求 GB/T 34034—2017[S].北京:中国机械工业联合会,2017.

[15]曹艳梅,夏禾.振动对建筑物的影响及其控制标准[C].全国结构工程学术会议,2002.

[16]殷祥超.振动理论与测试技术[M].徐州:中国矿业大学出版社,2017.

[17]陈业绍,熊端锋.振动噪声测试与控制技术[M].北京:机械工业出版社,2021.

[18]欧珠光.工程振动[M].武汉:武汉大学出版社,2010.

[19]刘习军,贾启芬.工程振动理论与测试技术[M].北京:高等教育出版社,2004.

[20]刘习军,贾启芬,张素侠.振动理论及工程应用[M].北京:机械工业出版社,2017.

[21]车念曾,阎达远.辐射度学和光度学[M].北京:北京理工大学出版社,1990.

[22]吴继宗,叶关荣.光辐射测量[M].北京:机械工业出版社,1992.

[23]葛绍岩,那鸿悦.热辐射性质及其测量[M].北京:科学出版社,1989.

[24]刘书声.现代光学手册[M].北京:北京出版社,1993.

[25]郑长聚.环境噪声控制工程[M].北京:高等教育出版社,1988.

[26]卢贤昭.公害防止技术:噪声篇[M].北京:化学工业出版社,1988.

[27]蔡俊.噪声污染控制工程[M].北京:中国环境科学出版社,2011.

[28]周新祥,于晓光.噪声控制与结构设备的动态设计[M].北京:冶金工业出版社,2014.

[29]周新祥.噪声控制技术及其新进展[M].北京:冶金工业出版社,2007.

[30]盛美萍,王敏庆,马建刚.噪声与振动控制技术基础.[M].3版.北

京：科学出版社，2017.

[31]王乐，杨智春，郭宁. 振动与噪声控制基础[M]. 西安：西北工业大学出版社，2019.

[32]方丹群，张斌，孙家麒，等. 噪声控制工程学[M]. 北京：科学出版社，2013.

[33]DAVID A B，COLIN H H. Engineering Noise Control Theory and Practice [M]. 4th edition. London：Spon Press，2009.